高等职业教育通识类课程系列教材

应用数字

主 编 梁 玮 蔡 超 高 志
副主编 韦荣朵 刘水莹 李水兰

中国水利水电出版社
www.waterpub.com.cn
·北京·

内 容 提 要

高等数学主要研究非匀变量问题，研究内容具有较强的深刻性和抽象性。本书是编者结合多年的教学经验以及相关研究编写而成的，内容重点突出，叙述准确，条理清楚，解释透彻，化繁为简，易于理解。

全书主要讲解一元函数微积分学，共5章。其中，第1章主要讲述函数与极限；第2章主要讲述函数的导数与微分；第3章主要讲述函数的不定积分；第4章主要讲述MATLAB；第5章主要讲述数学实验。

本书可作为高职理工类和财经类各专业的通用教材，也可以作为其他专业的参考资料。

图书在版编目（CIP）数据

应用数学 / 梁玮，蔡超，高志主编. -- 北京：中
国水利水电出版社，2022.8
高等职业教育通识类课程系列教材
ISBN 978-7-5226-0827-3

Ⅰ. ①应… Ⅱ. ①梁… ②蔡… ③高… Ⅲ. ①应用数
学－高等职业教育－教材 Ⅳ. ①O29

中国版本图书馆CIP数据核字(2022)第121234号

策划编辑：周益丹　　　　责任编辑：高辉　　　　封面设计：梁燕

书　　名	高等职业教育通识类课程系列教材 应用数学 YINGYONG SHUXUE
作　　者	主　编　梁　玮　蔡　超　高　志 副主编　韦荣朵　刘水莹　李水兰
出版发行	中国水利水电出版社 （北京市海淀区玉渊潭南路 1 号 D 座　100038） 网址：www.waterpub.com.cn E-mail：mchannel@263.net（万水） 　　　　　sales@mwr.gov.cn 电话：（010）68545888（营销中心）、82562819（万水）
经　　售	北京科水图书销售有限公司 电话：（010）68545874、63202643 全国各地新华书店和相关出版物销售网点
排　　版	北京万水电子信息有限公司
印　　刷	三河市航远印刷有限公司
规　　格	170mm×240mm　16 开本　10.75 印张　181 千字
版　　次	2022 年 8 月第 1 版　2022 年 8 月第 1 次印刷
印　　数	0001—6000 册
定　　价	39.00 元

前　言

　　本书基于编者多年教学所使用的讲义编写,多数内容都曾在高职教学中进行过试讲。此次出版时,编者对讲义做了全面的整理和较大的扩充。

　　近年来,我国高等教育逐渐从精英教育过渡到大众教育,编者在编写本书时结合新时代高职学生的特点,适应新的社会需求,在追求逻辑严密性和理论体系完整性的基础之上,更加注重理论与实践相结合,注重了概念、原理和范例的融合,做到让教师更容易讲解、学生更容易理解。

　　本书包括函数、极限、连续、导数、微分、不定积分以及 MATLAB 和数学实验。本书可作为高职理工类和财经类各专业的通用教材,也可作为其他专业的参考资料。本书由梁玮、蔡超、高志(北京劳动保障职业学院)任主编,韦荣朵、刘水莹、李水兰任副主编,赵淑营、詹春丽老师参与编写了本书相关内容。本书由陈武鹏教授任主审,审稿同志认真阅读了全稿,并提出了不少宝贵的改进意见,我们对此表示衷心的感谢。

　　由于我们水平有限,编写时间又较匆促,难免存在缺点和错误,恳请使用这本教材的师生毫无保留地提出批评和建议,以便不断改进完善。

编　者

2022 年 4 月

目　录

第1章 函数与极限

函数是高等数学的一个基本概念,是高等数学的主要研究对象.极限是高等数学中最重要的概念之一,是各种概念和计算方法建立的基础.本章将介绍函数与极限的概念、性质、计算方法,并在此基础上讨论函数的连续性.

1.1 集合与函数

1.1.1 集合

1. 集合的概念

集合是数学中最基本的概念之一,具有某种共同特性的事物全体称为集合.组成这个集合的每一个事物称为该集合的元素,习惯上用大写字母 A、B、C、X、$Y\cdots$ 表示集合,用小写字母 a、b、c、x、$y\cdots$ 表示元素.如果 a 是集合 A 的元素,则记为 $a \in A$(读作 a 属于 A);如果 a 不是集合 A 的元素,则记为 $a \notin A$(读作 a 不属于 A).

集合的表示方法一般有三种:第一种是列举法,即把集合中所有元素列举出来,例如方程 $x^2-5x+6=0$ 的所有根的集合 A 可表示为 $A=\{2,3\}$.第二种是描述法,是指将集合中元素的共同特性描述出来,用形式 $A=\{x|x$ 所具有的特征$\}$ 表示,其中 x 为代表元素.例如上述集合 A 可表示为 $A=\{x|x^2-5x+6=0\}$.又如,集合 $M=\{(x,y)|x^2+y^2 \leqslant 1\}$ 表示 xOy 平面上圆周 $x^2+y^2=1$ 及其内的点.第三种是图形法,集合以及集合之间的关系可用图形表示,叫作文氏图.文氏图是用一个简单的平面区域代表一个集合,集合内的元素用区域内的点表示.

2. 集合与集合的关系

设 A、B 是两个集合,若对任意 $a \in A \Rightarrow a \in B$,则称 A 是 B 的子集,记作 $A \subset B$.

若 $A \subset B$ 且 $B \subset A$，则称集合 A 与 B 相等，记作 $A=B$.

不含任何元素的集合称为空集，记为 $\varnothing$，规定空集是任何集合的子集.

若集合的元素都是数，则称其为数集，常用的数集有

（1）自然数集（或非负整数集），记作 $\mathbf{N}$，即
$$\mathbf{N} = \{0, 1, 2, \cdots, n, \cdots\}.$$

（2）正整数集记作 $\mathbf{N}^+$，即
$$\mathbf{N}^+ = \{1, 2, 3, \cdots, n, \cdots\}.$$

（3）整数集记作 $\mathbf{Z}$，即
$$\mathbf{Z} = \{\cdots, -n, \cdots, -2, -1, 0, 1, 2, \cdots, n, \cdots\}.$$

（4）有理数集记作 $\mathbf{Q}$，即
$$\mathbf{Q} = \{\frac{p}{q} \mid p \in \mathbf{Z}, q \in \mathbf{N}^+, 且 p、q 互质\}.$$

（5）实数集记作 $\mathbf{R}$，正实数集记作 $\mathbf{R}^+$. 显然
$$\mathbf{N} \subset \mathbf{Z} \subset \mathbf{Q} \subset \mathbf{R}.$$

3. 集合的运算规律

设 A、B、C 及 A_i（$i=1,2,3\cdots$）为全集 Ω 中的集合，则

（1）$A \cup B = B \cup A$，$A \cap B = B \cap A$.

（2）$(A \cup B) \cup C = A \cup (B \cup C)$，$(A \cap B) \cap C = A \cap (B \cap C)$.

（3）$A \cap (B \cup C) = (A \cap B) \cup (A \cap C)$，$A \cup (B \cap C) = (A \cup B) \cap (A \cup C)$.

（4）$(A \cup B)^c = A^c \cap B^c$，$(A \cap B)^c = A^c \cup B^c$.

（5）$(\bigcup_{i=1}^{\infty} A_i)^c = \bigcap_{i=1}^{\infty} A_i^c$，$(\bigcap_{i=1}^{\infty} A_i)^c = \bigcup_{i=1}^{\infty} A_i^c$.

4. 区间与邻域

设 a, b 都是实数，且 $a<b$，称数集 $\{x \mid a<x<b\}$ 为开区间，记作 (a, b)，即 $(a, b) = \{x \mid a<x<b\}$. 类似地，有以下定义与记法：

闭区间：$[a, b] = \{x \mid a \leq x \leq b\}$.

半开区间：$[a, b) = \{x \mid a \leq x < b\}$；$(a, b] = \{x \mid a < x \leq b\}$.

以上区间称为有限区间，a、b 称为区间端点，数 $(b-a)$ 称为这些区间的区间长度，从几何上看，有限区间是指数轴上介于两个点之间的一条线段，可用图 1.1 表示出来.

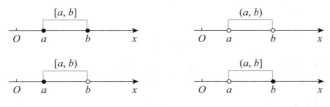

图 1.1

此外引入记号+∞（读作正无穷大）及 –∞（读作负无穷大),则无限的半开或开区间表示如下:

$$[a,+\infty)=\{x\,|\,x\geqslant a\}\,;\,(-\infty,\ b]=\{x\,|\,x\leqslant b\}\,;$$

$$(a,+\infty)=\{x\,|\,x>a\}\,;\,(-\infty,\ b)=\{x\,|\,x<b\}.$$

在几何上,上述四个区间表示指定端点和方向的射线,如图 1.2 所示.

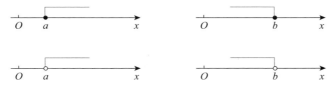

图 1.2

特别地,（ –∞，+∞ ）= **R** 在几何上表示整个实数轴.

如果不需要特别强调区间是开区间还是闭区间,是有限区间还是无限区间,则简单称之为区间,通常用 I 表示.

邻域是高等数学中常用的一个概念. 设 α 与 δ 是两个实数,且 $\delta>0$,称以 α 为中心的开区间（$\alpha-\delta$, $\alpha+\delta$）为点 α 的 δ 邻域,记作 $U(\alpha,\delta)$,即

$$U(\alpha,\delta)=(\alpha-\delta,\ \alpha+\delta)=\{x\,|\,\alpha-\delta<x<\alpha+\delta\}=\{x\,|\,|x-\alpha|<\delta\},$$

其中,δ 为邻域的半径. $U(\alpha,\delta)$ 表示在数轴上如图 1.3 所示.

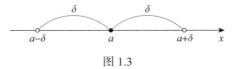

图 1.3

有时需要把邻域的中心去掉. 邻域 $U(\alpha,\delta)$ 去掉中心 α 后,称为点 α 的去心 δ 邻域,记作 $\overset{\circ}{U}(\alpha,\ \delta)$,即

$$\overset{\circ}{U}(\alpha,\ \delta)=(\alpha-\delta,\ \alpha)\bigcup(\alpha,\ \alpha+\delta)=\{x\,|\,0<|x-\alpha|<\delta\}$$

是两个区间的并集,如图 1.4 所示.

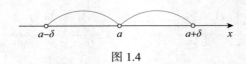

图 1.4

为表达方便,把(α-δ,α)称为点 α 的左邻域,把(α,α+δ)称为点 α 的右邻域. 如果无需指明 α 的邻域(或去心邻域)的半径,此时记为 $U(\alpha)$(或 $\overset{\circ}{U}(\alpha)$),读作 α 的某邻域(或某去心邻域).

1.1.2 函数

1. 函数的概念

当我们观察自然现象或生产过程时,常常遇到各种不同的量,有些量在进程中始终保持同一数值,称为常量;有些量在进程中取不同的数值,称为变量. 通常用字母 $a,b,c,\cdots$ 表示常量,用字母 $x,y,z,\cdots$ 表示变量.

同一现象中,所涉及的变量往往不止一个,这些变量的变化通常不是独立的,而是存在着某种相互依赖的关系,下面先观察两个实例.

例 1.1 设圆的半径为 r,圆的面积为 A,则这两个变量之间的关系由公式

$$A = \pi r^2$$

给出,当变量 r 在(0,+∞)内任取一值时,变量 A 由上式确定唯一一值与其对应.

例 1.2 商店在销售某种商品的过程中,销量总收入 R 与该商品销售量 Q 之间的关系为

$$R = PQ$$

其中,P 是该商品的单价. 上式表明了销量总收入 R 与销售量 Q 之间的相互依赖关系,即 R 与 Q 成正比.

以上两个例子涉及的问题虽然不同,但具有相同的特点,都反映了两个变量之间的依赖关系,即一种对应规则. 当一个变量在其变化范围内任意取定一值时,另一个变量就按这种对应规则确定一值与其对应,两个变量的这种对应关系就是函数关系.

定义 1.1 设 x 和 y 是两个变量,变量 x 在一个给定的数集 D 中取值. 如果变量 x 在 D 中任取一值,变量 y 按照一定的法则 f 总有唯一确定的数值与之对应,则称 y 是 x 的函数,记作 $y = f(x)$,$x \in D$. 其中 x 称为自变量,D 称为定义域,记作 D_f,即 $D_f = D$.

函数定义中，对每个取定的 $x_0 \in D$，按照对应法则 f，总有唯一确定的值 y 与之对应，这个值称为函数 $y = f(x)$ 在点 x_0 处的函数值，记作 $f(x_0)$ 或 $y|_{x=x_0} = f(x_0)$.

当 x 取遍 D 的各个数值时，对应的函数值全体组成的集合称为函数的值域，记作 R_f，即

$$R_f = \{y \mid y = f(x), x \in D\}.$$

由函数的定义可知，构成函数的两个基本要素是定义域与对应法则. 若两个函数的对应法则和定义域都相同，则我们认为这两个函数相同.

函数 $y = f(x)$ 中表示对应关系的记号 f 也可用其他字母表示，例如"g""φ""F"等，相应的函数记为 $y = g(x)$，$y = \varphi(x)$，$y = F(x)$ 等.

函数定义域的确定，主要有两种情况：一是有实际应用背景的函数，其定义域取决于变量的实际意义；二是抽象的用算式表达的函数，其定义域是使算式有意义的一切实数组成的集合，这种定义域称为自然定义域. 例如，$y = \pi r^2$，若 r 表示圆的半径，y 表示圆的面积，则此时定义域 $D = [0, +\infty)$；若不考虑 r 的实际意义，则其自然定义域为 $D = (-\infty, +\infty)$.

在函数的定义中，我们用"唯一确定"表明所讨论的函数是单值函数. 当 D 中的某些 x 值有多于一个 y 值与之对应时，我们称之为多值函数. 例如，变量 x 和 y 之间的对应法则由 $x^2 + y^2 = 1$ 给出，显然对任意 $x \in (-1, 1)$，y 对应有两个值，所以方程确定了一个多值函数，我们往往根据问题的性质或研究的需要取其单值分支 $y = \sqrt{1-x^2}$ 或 $y = -\sqrt{1-x^2}$ 进行分析和讨论.

函数的表示方法主要有三种：表格法、图形法、解析法（公式法）. 将图形法与解析法相结合研究函数，可以将抽象问题直观化. 一方面可以借助几何方法研究函数的有关特性，另一方面可以借助函数的理论研究几何问题. 函数 $y = f(x)$ 的图形指的是坐标平面上的点集 $\{(x, y) \mid y = f(x)\}$，一个一元函数的图形通常是平面内的一条曲线.

例 1.3　确定下列函数的定义域.

（1）$y = \sqrt{1-x}$；（2）$y = \dfrac{1}{x}$；（3）$y = \sqrt{x} + \ln(x^2 - 4x + 3)$.

解　（1）定义域 $D = (-\infty, 1]$.

（2）定义域 $D = (-\infty, 0) \bigcup (0, +\infty)$.

（3）定义域应满足 $\begin{cases} x \geqslant 0 \\ x^2 - 4x + 3 > 0 \end{cases}$

得定义域为 $D = [0, 1) \bigcup (3, +\infty)$.

例 1.4 设函数 $f(x) = \begin{cases} 2 + x, & x \leqslant 0 \\ 2^x, & x > 0 \end{cases}$ ，求：（1）函数的定义域；（2）$f(0)$，$f(-1)$，$f(3)$，$f(\alpha)$，$f[f(-1)]$.

解 （1）定义域 $D = (-\infty, +\infty)$.

（2）$f(0) = 2$ ，$f(-1) = 1$ ，$f(3) = 2^3 = 8$.

当 $\alpha \leqslant 0$ 时，$f(\alpha) = 2 + \alpha$ ；当 $\alpha > 0$ 时，$f(\alpha) = 2^\alpha$.

$f[f(-1)] = f(1) = 2^1 = 2$.

例 1.5 绝 对 值 函 数 $y = |x| = \begin{cases} x, & x \geqslant 0 \\ -x, & x < 0 \end{cases}$ ，定 义 域 $D = (-\infty, +\infty)$ ，值域 $R = [0, +\infty)$ ，图形如图 1.5 所示.

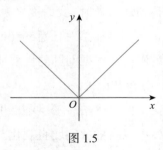

图 1.5

例 1.6 符号函数

$$y = \operatorname{sgn} x = \begin{cases} -1, & x < 0 \\ 0, & x = 0 \\ 1, & x > 0 \end{cases}$$

定 义 域 $D = (-\infty, +\infty)$ ，值 域 $R = \{-1, 0, 1\}$ ，图 形 如 图 1.6 所 示，显 然 对 任 意 $x \in (-\infty, +\infty)$ ，有 $|x| = x \operatorname{sgn} x$.

例 1.7 取整函数

$$y = [x],$$

其中 $[x]$ 表示不超过 x 的最大整数. 例如 $[-3.2]=-4$, $[0]=0$, $[2.6]=2$. 该函数的定义域 $D=(-\infty, +\infty)$, 值域 $R=\mathbf{Z}$, 图形如图 1.7 所示.

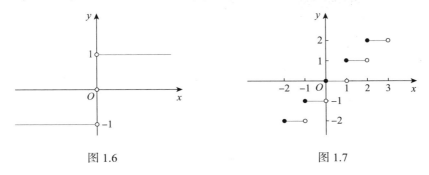

图 1.6　　　　　　　　　　　图 1.7

例 1.8　分段函数

$$f(x)=\begin{cases} x, & x\leqslant 0 \\ 1-x, & x>0 \end{cases}$$

定义域为 $(-\infty, +\infty)$, 值域为 $(-\infty, 1)$, 图形如图 1.8 所示.

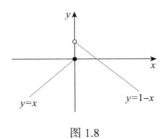

图 1.8

需要指出, 例 1.4 至例 1.8 都是分段函数, 对于分段函数强调以下两点:

（1）分段函数是用几个式子表示的一个函数, 而不是几个函数.

（2）分段函数的定义域是各段分析式子定义域的"并".

2. 函数的几种特性

（1）函数的单调性. 设函数 $y=f(x)$ 的定义域为 D, $X \subset D$, 若对 $\forall x_1$, $x_2 \in X$, 且 $x_1 < x_2$ 时, 有

$$f(x_1) < f(x_2) \quad (\text{或} f(x_1) > f(x_2)),$$

则称 $f(x)$ 在 X 上单调增加（或单调减少）; 若对 $\forall x_1, x_2 \in X$, 且 $x_1 < x_2$ 时, 有

$$f(x_1) \leqslant f(x_2) \quad (\text{或} f(x_1) \geqslant f(x_2)),$$

则称 $f(x)$ 在 X 上单调不减（或单调不增）.

在 X 内单调增加和单调减少的函数称为单调函数, X 称为单调区间.

从几何直观上看,单调增加函数的图形是随 x 的增加而呈上升趋势的曲线,单调减少函数的图形是随 x 的增加而呈下降趋势的曲线,分别如图 1.9 和图 1.10 所示.

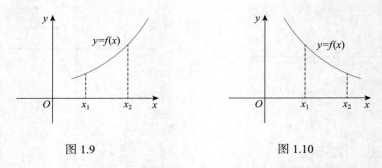

图 1.9   图 1.10

例如 $y = x^2$ 在 $(-\infty, 0)$ 内单调减少,在 $[0, +\infty)$ 内单调增加,在定义域 $(-\infty, +\infty)$ 内却不具有单调性. 又如 $y = \dfrac{1}{x}$ 在 $(-\infty, 0)$ 和 $(0 +\infty)$ 内都单调减少,但在定义域 $(-\infty, 0) \bigcup (0, +\infty)$ 内却不具有单调性.

（2）函数的奇偶性. 设 $y = f(x)$ 的定义域 D 关于原点对称（即若 $x \in D$,则 $-x \in D$）,如果对任一 $x \in D$,都有

$$f(-x) = f(x) \text{（或} f(-x) = -f(x)\text{）}$$

恒成立,则称 $f(x)$ 为偶函数（或奇函数）.

从几何直观上看,偶函数的图形关于 y 轴对称（图 1.11）,奇函数的图形关于原点对称（图 1.12）.

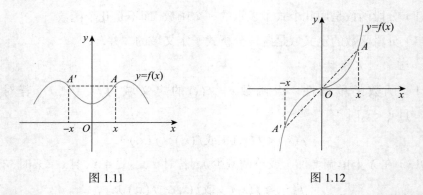

图 1.11   图 1.12

例如 $y = x^3$, $y = \sin x$, $y = \tan x$ 均是奇函数, $y = x^2$, $y = \cos x$ 均是偶函数,而 $y = \sin x + \cos x$ 不是奇函数也不是偶函数,称此类函数为非奇非偶函数.

（3）函数的周期性. 设函数 $y = f(x)$ 的定义域为 D，如果存在正数 T，使得对 $\forall$ $x \in D$，有 $x + T \in D$，且

$$f(x + T) = f(x)$$

恒成立，则称 $f(x)$ 为周期函数，T 为 $f(x)$ 的一个周期. 通常，我们说的周期是指最小正周期.

例如，$y = \sin x$，$y = \cos x$ 是以 2π 为周期的周期函数；$y = \tan x$，$y = \cot x$ 是以 π 为周期的周期函数.

（4）函数的有界性. 设函数 $y = f(x)$ 的定义域为 D，$X \subset D$，如果存在数 K_1，使得对 $\forall x \in X$ 都有

$$f(x) \leqslant K_1$$

成立，则称函数 $f(x)$ 在 X 上有上界，而 K_1 称为 $f(x)$ 在 X 上的一个上界. 如果存在数 K_2，使得对 $\forall x \in X$ 都有

$$f(x) \geqslant K_2$$

成立，则称函数 $f(x)$ 在 X 上有下界，而 K_2 称为 $f(x)$ 在 X 上的一个下界. 如果存在正数 M，使得对 $\forall x \in X$ 都有

$$| f(x) | \leqslant M$$

成立，则称 $f(x)$ 在 X 上有界. 如果这样的 M 不存在，则称 $f(x)$ 在 X 上无界，即对 $\forall M > 0$，$\exists x_1 \in X$，使得 $| f(x_1) | > M$，则称 $f(x)$ 在 X 上无界.

例如，函数 $y = \sin x$，对一切 $x \in (-\infty, +\infty)$，恒有 $| \sin x | \leqslant 1$，故 $y = \sin x$ 在 $(-\infty, +\infty)$ 内有界.

例 1.9　讨论函数 $f(x) = \dfrac{1}{x}$ 分别在区间 $(0, 1)$，$(1, 2)$，$(2, +\infty)$ 上的有界性（图 1.13）.

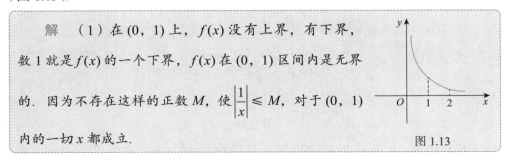

解　（1）在 $(0, 1)$ 上，$f(x)$ 没有上界，有下界，数 1 就是 $f(x)$ 的一个下界，$f(x)$ 在 $(0, 1)$ 区间内是无界的. 因为不存在这样的正数 M，使 $\left| \dfrac{1}{x} \right| \leqslant M$，对于 $(0, 1)$ 内的一切 x 都成立.

图 1.13

（2）$f(x)$ 在 $(1,2)$ 内有界，可取 $M=1$，而使 $\left|\dfrac{1}{x}\right| \leqslant 1$ 对一切 $x \in (1,2)$ 都成立.

（3）$f(x)$ 在 $(2,+\infty)$ 内有界，可取 $M=\dfrac{1}{2}$，而使 $\left|\dfrac{1}{x}\right| \leqslant \dfrac{1}{2}$ 对一切 $x \in (2,+\infty)$ 都成立.

3. 反函数与复合函数

例如圆的面积 A 与半径 r 的关系 $A = \pi r^2$（$r \geqslant 0$），也可以把半径 r 表示为面积 A 的函数 $r = \sqrt{\dfrac{A}{\pi}}$. 对这两个函数而言，可以把后一个函数看作前一个函数的反函数，也可以把前一个函数看作后一个函数的反函数.

📢 **定义 1.2**　已知函数 $y = f(x)$ 的定义域为 D，值域为 R，如果对于 R 中的每一个 y 的值，D 中总有唯一的 x 的值，使 $f(x) = y$，则在 R 上确定了以 y 为自变量的函数 $x = \varphi(y)$，称为 $y = f(x)$ 的反函数，记作 $x = f^{-1}(y)$，$y \in R$. 或称 $y = f(x)$ 与 $x = f^{-1}(y)$ 互为反函数.

习惯上用 x 表示自变量，则函数 $y = f(x)$，$x \in D$ 的反函数表示为
$$y = f^{-1}(x), \ x \in R.$$

相对于反函数 $y = f^{-1}(x)$ 来说，函数 $y = f(x)$ 称为直接函数. 从几何直观上看，若点 $A(x, y)$ 是函数 $y = f(x)$ 图形上的点，则 $A'(y, x)$ 是反函数 $y = f^{-1}(x)$ 的图形上的点. 反之亦然. 因此 $y = f(x)$ 和 $y = f^{-1}(x)$ 的图形关于直线 $y = x$ 对称（图 1.14）.

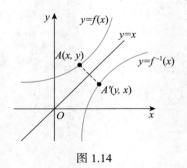

图 1.14

需要指出，并不是所有函数都有反函数，例如 $y = x^2$ 在定义域 $D = (-\infty, +\infty)$ 上没有反函数；但 $y = x^2$ 在 $(-\infty, 0]$ 及 $[0, +\infty)$ 上分别有反函数 $y = -\sqrt{x}$，

$x \in (-\infty, 0]$ 及 $y = \sqrt{x}$, $x \in [0, +\infty)$, 那么函数 $y = f(x)$ 满足什么条件一定存在反函数呢？容易证明如下结论.

➡ **定理 1.1**　单调函数 $y = f(x)$ 必存在单调的反函数 $y = f^{-1}(x)$, 且 $y = f(x)$ 与 $y = f^{-1}(x)$ 具有相同的单调性.

例 1.10　求函数 $y = \sqrt{x} + 1$ 的反函数.

> **解**　函数 $y = \sqrt{x} + 1$ 的定义域是 $D = [0, +\infty)$, 值域是 $R = [1, +\infty)$.
>
> 由 $y = \sqrt{x} + 1$ 可解得
> $$x = (y-1)^2 ,$$
> 于是, 函数 $y = \sqrt{x} + 1$ 的反函数为
> $$y = (x-1)^2 , \quad x \in [1, +\infty).$$

显然反函数的定义域是直接函数的值域, 反函数的值域是直接函数的定义域.

在实际问题中经常出现这样的情形：在某变化过程中, 第一个变量依赖于第二个变量, 而第二个变量又依赖于另外一个变量. 例如, 设函数 $y = e^u$, 而 $u = x^2$, 以 x^2 代替第一式中的 u , 则有 $y = e^{x^2}$, 这类函数称为复合函数.

📢 **定义 1.3**　设函数 $y = f(u)$ 的定义域为 D_f , 而 $u = \varphi(x)$ 的值域为 R_φ , 若 $D_f \bigcap R_\varphi \neq \varnothing$, 则称函数 $y = f(\varphi(x))$ 是 $y = f(u)$ 和 $u = \varphi(x)$ 的复合函数. 其中, x 称为自变量, u 是中间变量.

复合函数是说明函数对应法则的某种表达方式的一个概念. 利用复合函数的概念, 有时可以将几个简单的函数复合成一个复杂的函数, 有时可以将复杂的函数分解成若干个简单的函数. 例如 $y = \sqrt{u}$, $u = x^2 + 1$ 可以构成复合函数 $y = \sqrt{x^2 + 1}$, $x \in (-\infty, +\infty)$ ；同样 $y = \sin^2 x$ 可以看作由 $y = u^2$ 与 $u = \sin x$ 复合而成.

必须指出, 不是任意两个函数都可以构成一个复合函数. 例如 $y = \arcsin u$ 与 $u = x^2 + 2$ 就不能构成复合函数, 因为 $u = x^2 + 2$ 的值域是 $[2, +\infty)$, 而 $y = \arcsin u$ 的定义域为 $[-1, 1]$, 此时两个集合的交集是空集.

复合函数的概念还可推广到有限个函数的情形, 例如 $y = e^{\sqrt{x^2+1}}$ 可以看作由

$$y = e^u, \quad u = \sqrt{v}, \quad v = x^2 + 1$$

三个函数复合而成,其中 u, v 是中间变量,x 是自变量.

4. 基本初等函数

一般地,我们把常函数、幂函数、指数函数、对数函数、三角函数、反三角函数这六类函数统称为基本初等函数.

(1)常函数 $y = C$ (C 是常数).

常函数的定义域 $D = (-\infty, +\infty)$,值域 $R = \{C\}$(图 1.15).

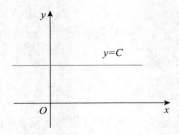

图 1.15

(2)幂函数 $y = x^\alpha$ (α 是常数).

幂函数的定义域随 α 而异,但无论 α 为何值,$y = x^\alpha$ 在 $(0, +\infty)$ 内总有定义,且图形都经过点 $(1, 1)$.

例如:

$y = x^2$ 与 $y = x^{\frac{2}{3}}$ 定义域皆为 $(-\infty, +\infty)$,图形皆关于 y 轴对称(图 1.16).

$y = x^3$ 与 $y = x^{\frac{1}{3}}$ 定义域皆为 $(-\infty, +\infty)$,图形皆关于原点对称(图 1.17).

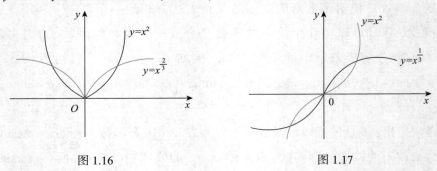

图 1.16　　　　　　　　　　　图 1.17

$y = \dfrac{1}{x}$ 定义域为 $(-\infty, 0) \cup (0, +\infty)$,图形对称于原点(图 1.18).

$y = x^{\frac{1}{2}}$ 定义域为 $[0, +\infty)$(图 1.19).

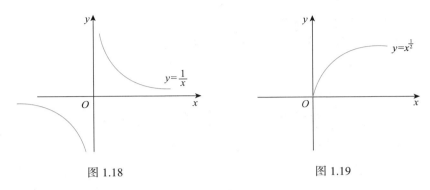

图 1.18　　　　　　　　　　　　图 1.19

（3）指数函数 $y = a^x$（$a > 0$ 且 $a \neq 1$）.

指数函数的定义域为 $(-\infty, +\infty)$，值域为 $R = (0, +\infty)$. 当 $0 < a < 1$ 时，函数单调减少；当 $a > 1$ 时，函数单调增加. 指数函数的图形总在 x 轴的上方，且通过点 $(0,1)$（图 1.20 和图 1.21）. 在微积分中常用到以 e 为底的指数函数 $y = e^x$，其中 $e \approx 2.71828\cdots$，是一个无理数.

（4）对数函数 $y = \log_a x$（$a > 0$ 且 $a \neq 1$）.

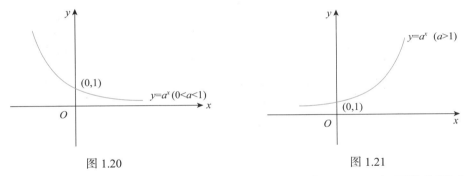

图 1.20　　　　　　　　　　　　图 1.21

对数函数的定义域为 $(0, +\infty)$，值域为 $(-\infty, +\infty)$. 当 $0 < a < 1$ 时，函数单调减少；当 $a > 1$ 时，函数单调增加. 对数函数的图形都过点 $(1,0)$（图 1.22 和图 1.23）.

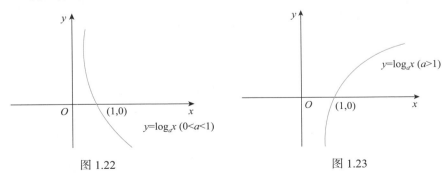

图 1.22　　　　　　　　　　　　图 1.23

（5）三角函数. 三角函数有 $y = \sin x$，$y = \cos x$，$y = \tan x$，$y = \cot x$，$y = \sec x$，$y = \csc x$，其中 $y = \sin x$，$y = \cos x$ 是周期为 2π 的周期函数；$y = \tan x$，$y = \cot x$ 是周期为 π 的周期函数.

正弦函数 $y = \sin x$ 的定义域为 $(-\infty, +\infty)$，值域为 $[-1, 1]$（图 1.24）.

余弦函数 $y = \cos x$ 的定义域为 $(-\infty, +\infty)$，值域为 $[-1, 1]$（图 1.25）.

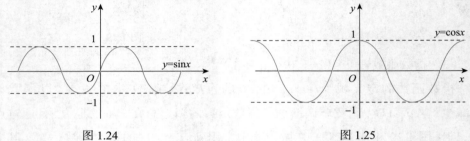

图 1.24   图 1.25

正切函数 $y = \tan x$ 的定义域 $D = \left\{ x \,\middle|\, x \in R, \ x \neq n\pi + \dfrac{\pi}{2} \right\}$，值域 $R = (-\infty, +\infty)$（图 1.26）.

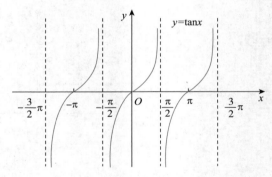

图 1.26

余切函数 $y = \cot x$ 的定义域 $D = \left\{ x \,\middle|\, x \in R, \ x \neq n\pi \right\}$，值域 $R = (-\infty, +\infty)$（图 1.27）.

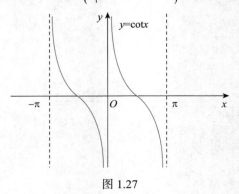

图 1.27

（6）反三角函数.

反三角函数有 $y = \arcsin x$，$y = \arccos x$，$y = \arctan x$，$y = \operatorname{arccot} x$.

反正弦函数 $y = \arcsin x$ 的定义域为 $[-1,1]$，值域为 $\left[-\dfrac{\pi}{2}, \dfrac{\pi}{2}\right]$（图 1.28）.

反余弦函数 $y = \arccos x$ 的定义域为 $[-1,1]$，值域为 $[0,\ \pi]$（图 1.29）.

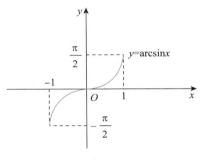

图 1.28

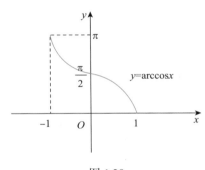

图 1.29

反正切函数 $y = \arctan x$ 的定义域为 $(-\infty, +\infty)$，值域为 $\left(-\dfrac{\pi}{2}, \dfrac{\pi}{2}\right)$（图 1.30）.

反余切函数 $y = \operatorname{arccot} x$ 的定义域为 $(-\infty, +\infty)$，值域为 $(0,\ \pi)$（图 1.31）.

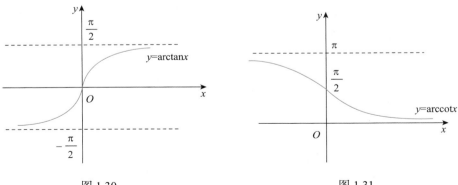

图 1.30　　　　　　　　　　　　　　图 1.31

其中 $y = \arcsin x$ 与 $y = \arctan x$ 在定义域内单调递增, 而 $y = \arccos x$ 与 $y = \operatorname{arccot} x$ 在定义域内单调递减.

5. 初等函数

📢 定义 1.4   由基本初等函数经过有限次的四则运算与函数复合, 并且可以用一个式子表示的函数, 称为初等函数.

例如, $y = \dfrac{e^x + e^{-x}}{2}$, $y = e^{\frac{1}{x}} \cos \sqrt{\ln(2+x)}$ 等都是初等函数.

这里需指出, 大多数分段函数一般说来不是初等函数, 但也并不是所有的分段函数都不是初等函数, 例如绝对值函数 $y = |x| = \begin{cases} x, & x \geq 0 \\ -x, & x < 0 \end{cases}$ 就是初等函数. 因为 $y = |x| = \sqrt{x^2}$ 是由 $y = \sqrt{u}$ 与 $u = x^2$ 复合而成的.

习题 1.1

1. 用区间表示下列不等式的解.

（1）$|x| \geq 2$;

（2）$|x - 3| < 1$.

2. 求下列函数的定义域.

（1）$y = \sqrt{x^3 - 27}$;

（2）$y = \ln(x^2 - 3x + 2)$;

（3）$y = \ln(\ln x)$;

（4）$y = \ln(x-1) + \dfrac{1}{\sqrt{x+1}}$;

（5）$y = \begin{cases} 2x+1, & x < -1 \\ 3-x, & x \geq -1 \end{cases}$;

（6）$y = \lg(5-x) + \arccos \dfrac{x-1}{6}$.

3. 已知函数 $f(x) = \begin{cases} x-1, & x > 0 \\ 0, & x = 0 \\ x+1, & x < 0 \end{cases}$, 求 $f(2)$, $f(-3)$.

4. 判断下列函数的有界性.

（1）$y = \sin x$, $x \in \left[0, \dfrac{\pi}{2}\right) \cup \left(\dfrac{\pi}{2}, \pi\right]$;

（2）$y = \ln x$.

5. 指出下列函数的单调性.

（1）$y = 2x + 1$;　　（2）$y = 1 + x^2$;　　（3）$y = \log_a x$.

6. 判断下列函数的奇偶性.

（1）$f(x) = \dfrac{e^x + e^{-x}}{2}$;

（2）$f(x) = 2\cos x + 1$;

（3）$f(x) = \sin x + x^3 + \dfrac{1}{2}x^5$; （4）$f(x) = \ln(x + \sqrt{1+x^2})$;

（5）$f(x) = xe^x$.

7. 求下列函数的反函数.

（1）$y = 5 - 4x^3$; （2）$y = \sqrt{x-1}$;

（3）$y = 1 + \ln(x+2)$; （4）$y = \dfrac{1}{3}\sin 2x \left(-\dfrac{\pi}{4} < x < \dfrac{\pi}{4} \right)$

8. 在下列各题中,求由所给函数复合而成的复合函数.

（1）$y = \sqrt{u}$, $u = 1 + \cos x$;

（2）$y = u^3$, $u = \ln v$, $v = x+1$;

（3）$y = \arctan u$, $u = e^v$, $v = x^2$.

9. 指出下列函数由哪些简单函数复合而成?

（1）$y = \sqrt{2x-1}$; （2）$y = (x + \ln x)^5$;

（3）$y = e^{\cos^2 x}$; （4）$y = \ln^3 \cos x$.

10. 已知 $f(x) = x^2$, $\varphi(x) = \sin x$, 求下列复合函数.

（1）$f(f(x))$; （2）$f(\varphi(x))$;

（3）$\varphi(f(x))$; （4）$\varphi(\varphi(x))$.

1.2 数列的极限

1.2.1 数列极限的概念

数列极限思想的产生历史悠久,我国古代数学家刘徽的割圆术就是这一思想的光辉体现. 割圆术也是极限思想在几何学上的应用. 割圆术,即利用圆内接正多边形来推算圆面积的方法.

首先在圆内作内接正六边形,其面积记作 A_1 ;再作内接正十二边形,其面积记作 A_2 ;再作内接正二十四边形,其面积记作 A_3 ;如此循环,将内接正 $6 \times 2^{n-1}$ 边形的面积记作 A_n（$n \in \mathbf{N}^+$）. 这样,就得到一系列内接正多边形的面积:

$$A_1, A_2, A_3, \cdots, A_n, \cdots$$

当 n 越大,内接正多边形与圆的面积差别越小,从而 A_n 越接近圆的面积,但

是无论 n 取得如何大,只要 n 取定了,A_n 终究只是多边形的面积而不是圆的面积.因此设想 n 无限增大(记为 $n \to \infty$),即内接正多边形的边数无限增加,在这个过程中内接正多边形无限接近于圆,因此 A_n 无限接近某一确定的数值,这个确定的数值即为圆的面积.我们把这个确定的数值称为这列有次序的数 $A_1, A_2, A_3, \cdots,$ $A_n, \cdots$ 当 $n \to \infty$ 时的极限.

在解决实际问题中形成的这种极限方法,已成为高等数学中的一种基本方法,下面作进一步的阐述.

▶ 定义 1.5 无穷多个数按顺序排列

$$u_1, u_2, \cdots, u_n, \cdots$$

称为数列,记为 $\{u_n\}$,其中 u_n 称为数列的一般项或通项.

数列又可以理解为定义在正整数集合上的函数,记为

$$u_n = f(n), \quad n = 1, 2, \cdots$$

例如:

(1) $1, \dfrac{1}{2}, \dfrac{1}{3}, \cdots, \dfrac{1}{n}, \cdots$;

(2) $\dfrac{1}{2}, \dfrac{2}{3}, \dfrac{3}{4}, \cdots, \dfrac{n}{n+1}, \cdots$;

(3) $1, 2, 3, \cdots, n, \cdots$;

(4) $1, -\dfrac{1}{2}, \dfrac{1}{3}, \cdots, (-1)^{n-1}\dfrac{1}{n}, \cdots$;

(5) $1, -1, 1, -1, \cdots, (-1)^{n-1}, \cdots$

的一般项分别为 $u_n = \dfrac{1}{n}$,$u_n = \dfrac{n}{n+1}$,$u_n = n$,$u_n = (-1)^{n-1}\dfrac{1}{n}$,$u_n = (-1)^{n-1}$.观察这些数列可以看到,随着 n 的无限增大,它们各自的变化趋势.数列(1)无限接近于 0,数列(2)无限接近于 1,数列(3)无限增大,数列(4)无限接近于 0,数列(5)不接近于任何常数.

观察可知,随 n 的无限增大,数列的变化趋势可分为两种情形:数列无限接近于一个确定的常数或者数列不接近于任何常数.由此给出数列极限的描述性定义.

▶ 定义 1.6 设数列 $\{u_n\}$,如果 n 无限增大时,u_n 无限接近于某个确定的常数 A,则称 A 为数列 $\{u_n\}$ 的极限,记作

$$\lim_{n \to \infty} u_n = A,$$

此时称数列 $\{u_n\}$ 收敛. 若 n 无限增大时，u_n 不接近于任意常数，则称数列 $\{u_n\}$ 发散.

可见上述数列中，$\lim\limits_{n\to\infty}\dfrac{1}{n}=0$，$\lim\limits_{n\to\infty}\dfrac{n}{n+1}=1$，$\lim\limits_{n\to\infty}(-1)^{n-1}\dfrac{1}{n}=0$，而数列 $\{n\}$ 与 $\{(-1)^n\}$ 是发散的.

定义 1.6 用直观描述的方法给出了数列极限的定义，并用观察法得到数列的极限，但是有些复杂的数列很难通过观察得到极限，并且定义 1.6 中 "n 无限增大" 与 "u_n 无限接近于 A" 等语言缺失了数学的严谨性与精确性，那该如何使用数学语言刻画 "n 无限增大" 与 "u_n 无限接近于 A" 呢？

我们知道，两个数 a 与 b 之间的接近程度可以用 $|b-a|$ 度量，$|b-a|$ 越小，则 a 与 b 越接近，因此，定义 1.6 中 "当 n 无限增大时，u_n 无限接近于 A" 指 "当 n 无限增大时，u_n 与 A 可以任意接近"，换句话说，"当 n 充分大时，$|u_n-A|$ 可以任意小".

下面以 $\lim\limits_{n\to\infty}\dfrac{1}{n}=0$ 为例说明数列极限的定义分析.

例如，事先给定正数 0.01，要使 $\left|\dfrac{1}{n}-0\right|<0.01$，只需 $n>100$. 也就是说，从数列的第 101 项起之后的一切项都满足 $\left|\dfrac{1}{n}-0\right|<0.01$.

事先给定正数 0.001，要使 $\left|\dfrac{1}{n}-0\right|<0.001$，只需 $n>1000$. 也就是说，从数列的第 1001 项起之后的一切项都满足 $\left|\dfrac{1}{n}-0\right|<0.001$.

由此可见，无论事先指定多么小的正数 ε，总存在足够大的正整数 N，使 $n>N$ 的一切项 u_{N+1}，u_{N+2}，$\cdots$ 都有 $\left|\dfrac{1}{n}-0\right|<\varepsilon$.

由以上讨论给出数列极限的定义分析.

定义 1.6′（$\varepsilon-N$ 定义）　设数列 $\{u_n\}$，若存在常数 A，对于任意给定的正数 ε，总存在正整数 N，使得当 $n>N$ 时，都有 $|u_n-A|<\varepsilon$ 成立，则称 A 为数列 $\{u_n\}$ 的极限或称数列 $\{u_n\}$ 收敛于 A. 记作

$$\lim_{n\to\infty}u_n=A \text{ 或 } u_n\to A\,(n\to\infty)\,,$$

否则称数列 $\{u_n\}$ 发散，也称 $\lim\limits_{n\to\infty}u_n$ 不存在.

数列 $\{u_n\}$ 以 A 为极限的几何意义是：对于 $\forall\varepsilon>0$，存在正整数 N，下标大于 N

的所有点u_{N+1}，u_{N+2}，$\cdots \in (A-\varepsilon,\ A+\varepsilon)$，而该区间之外只有有限个点（图 1.32）.

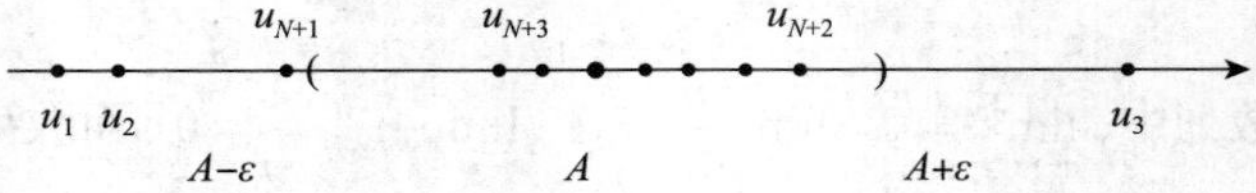

图 1.32

关于数列极限定义分析的几点说明：

（1）正数ε的任意性刻画了u_n与A的接近程度.

（2）正整数N与事先给定的正数ε有关，N的确定依赖于ε，但不唯一.

（3）数列极限是否存在，极限为何值，与数列的前有限项无关.

例 1.11　证明$\lim\limits_{n\to\infty}\dfrac{n}{n+1}=1$.

> **证明**　对于$\forall \varepsilon > 0$要使$\left|\dfrac{n}{n+1}-1\right|=\left|\dfrac{1}{n+1}\right|=\dfrac{-1}{n+1}<\varepsilon$成立，只需$n>\dfrac{1}{\varepsilon}-1$，
>
> 取$N=\left[\dfrac{1}{\varepsilon}-1\right]$，则$n>N$时必有$\left|\dfrac{n}{n+1}-1\right|<\varepsilon$成立.

例 1.12　设$|q|<1$，证明$\lim\limits_{n\to\infty}q^{n}=0$.

> **证明**　对$\forall \varepsilon > 0$（设$\varepsilon<1$），要使$|q^{n}-0|=|q^{n}|=|q|^{n}<\varepsilon$成立，只需
>
> $n>\dfrac{\ln|\varepsilon|}{\ln|q|}$，取$N=\left[\dfrac{\ln\varepsilon}{\ln|q|}\right]$，则$n>N$时，必有$|q^{n}-0|<\varepsilon$成立.

1.2.2　收敛数列的性质

➤ **定理 1.2（极限的唯一性）**　若数列$\{u_n\}$收敛，则其极限唯一.

> **证明**　（反证法）设数列$\{u_n\}$有两个极限a和b，不妨设$a<b$，取
>
> $\varepsilon=\dfrac{b-a}{2}>0$，因为$\lim\limits_{n\to\infty}u_n=a$，故$\exists$正整数$N_1$，当$n>N_1$时，有不等式
>
> $$|u_n-a|<\dfrac{b-a}{2}$$
>
> 成立，即

$$a - \frac{b-a}{2} < u_n < a + \frac{b-a}{2}.$$

从而有

$$u_n < \frac{a+b}{2}. \tag{1}$$

同理，因为 $\lim\limits_{n \to \infty} u_n = b$，故 $\exists$ 正整数 N_2，当 $n > N_2$ 时，有不等式

$$|u_n - b| < \frac{b-a}{2}$$

成立，即

$$b - \frac{b-a}{2} < u_n < b + \frac{b-a}{2}.$$

从而有

$$u_n > \frac{a+b}{2}. \tag{2}$$

取 $N = \max\{N_1, \ N_2\}$，则 $n > N$ 时，有（1）（2）同时成立，矛盾.

▶ 定理 1.3（收敛数列的有界性） 收敛数列必有界.

证明 设数列 $\{u_n\}$ 收敛于 a，由数列极限的定义，取 $\varepsilon = 1$，则存在正整数 N，当 $n > N$ 时，有

$$|u_n - a| < 1$$

成立. 于是，当 $n > N$ 时，有

$$|u_n| = |(u_n - a) + a| \leqslant |(u_n - a)| + |a| < 1 + |a|.$$

取 $M = \max\{|u_1|, |u_2|, \cdots, |u_N|, 1 + |a|\}$，则对 $\forall n \in \mathbf{N}^+$，都有

$$|u_n| < M.$$

定理得证.

关于定理 1.3 的两点说明：

（1）若数列 $\{u_n\}$ 无界，则数列 $\{u_n\}$ 一定发散.

（2）定理 1.3 的逆命题不一定成立，即有界数列不一定收敛．例如，数列 $\{(-1)^{n-1}\}$ 有界，但却是发散的.

➡ 定理 1.4（收敛数列的保号性） 若 $\lim\limits_{n\to\infty}u_n=a$，且 $a>0$（或 $a<0$），则存在正整数 N，当 $n>N$ 时，有 $u_n>0$（或 $u_n<0$）.

证明 仅对 $a>0$ 的情形给出证明. 由于 $\lim\limits_{n\to\infty}u_n=a$，取 $\varepsilon=\dfrac{a}{2}>0$，则存在正整数 N，当 $n>N$ 时，有

$$|u_n-a|<\frac{a}{2}.$$

从而有

$$u_n>a-\frac{a}{2}=\frac{a}{2}>0.$$

推论 若数列 $\{u_n\}$ 从某项起有 $u_n\geq 0$（或 $u_n\leq 0$），且 $\lim\limits_{n\to\infty}u_n=a$，那么 $a\geq 0$（或 $a\leq 0$）.

证明 设数列 $\{u_n\}$ 从第 N_1 项起，即当 $n>N_1$ 时，有 $u_n\geq 0$. 现用反证法证明. 若 $\lim\limits_{n\to\infty}u_n=a<0$，由定理 1.4 可知存在正整数 N_2，当 $n>N_2$ 时有 $u_n<0$，取 $N=\max\{N_1,\ N_2\}$，则 $n>N$ 时按假定有 $u_n\geq 0$，按定理 1.4 有 $u_n<0$，矛盾. 因此必有 $a\geq 0$.

最后，介绍子数列的概念及关于收敛数列与子数列间关系的一个定理.

在数列 $\{u_n\}$ 中任意抽取无限多项并保持这些项在原数列 $\{u_n\}$ 中的先后次序，这样得到的数列称为原数列 $\{u_n\}$ 的子数列（或子列）.

设在数列 $\{u_n\}$ 中，第一次抽取 $\{u_{n_1}\}$，第二次在 $\{u_{n_1}\}$ 后抽取 $\{u_{n_2}\}$，第三次在 $\{u_{n_2}\}$ 后抽取 $\{u_{n_3}\}$，……，如此下去，得到一个数列

$$u_{n_1},\ u_{n_2},\ u_{n_3},\cdots u_{n_k},\cdots,$$

该数列记作 $\{u_{n_k}\}$，是数列 $\{u_n\}$ 的一个子列.

可见，在子列 u_{n_k} 中，一般项 u_{n_k} 是第 k 项，而 u_{n_k} 在原数列 $\{u_n\}$ 中却是第 n_k 项，显然 $n_k\geq k$.

→ **定理 1.5（收敛数列与其子列间的关系）** 若数列 $\{u_n\}$ 收敛于 a，则其任一子列也收敛，且极限也是 a.

> **证明** 略.

关于定理 1.5 的两点说明：

（1）定理 1.5 表明，若数列 $\{u_n\}$ 有一个子列发散，则数列 $\{u_n\}$ 也一定发散.

（2）定理 1.5 表明，若数列 $\{u_n\}$ 有两个收敛子列，但其极限不同，则数列 $\{u_n\}$ 一定发散.

习题 1.2

1. 观察下列数列的变化趋势，如果有极限，写出其极限.

（1）$x_n = \dfrac{1}{2^n}$；　　　　（2）$x_n = \dfrac{2n-1}{2n+1}$；　　　　（3）$x_n = (-1^n)n^2$；

（4）$x_n = \dfrac{n-1}{n+1}$；　　　　（5）$x_n = (-5)^{n-1}$.

2. 下列数列发散的是（　　　）.

A. $x_n = \begin{cases} 1, & n = 2k-1 \\ \dfrac{1}{2^n}, & n = 2k \end{cases}$

B. $1, \dfrac{1}{3}, \dfrac{1}{2}, \dfrac{1}{4}, \dfrac{1}{3}, \dfrac{1}{5}, \cdots, \dfrac{1}{n}, \dfrac{1}{n+2}, \cdots$

C. $-1, \dfrac{1}{2}, -\dfrac{1}{3}, \dfrac{1}{4}, -\dfrac{1}{5}, \dfrac{1}{6}, \cdots, (-1)^n \dfrac{1}{n}, \cdots$

D. $1, \dfrac{1}{3}, \dfrac{1}{5}, \dfrac{1}{7}, \cdots, \dfrac{1}{2n-1}, \cdots$

1.3 函数的极限

上节对数列极限的讨论可以看作对定义在正整数集上的函数 $x_n = f(n)$，$n \in \mathbf{N}^+$，在自变量 n 无限增大这一过程中，对应函数值 $f(n)$ 的变化趋势的讨论. 本节讨论定义在实数集上的函数 $y = f(x)$ 的极限，其自变量的变化趋势有两种情形：第一，自变量 x 的绝对值无限增大的情形；第二，自变量 x 趋向于 x_0 的情形.

1.3.1 $x \to \infty$时函数的极限

一般地,有下列描述性定义.

📢 **定义 1.7** 给定函数$y = f(x)$,当$|x|$无限增大时,如果函数$f(x)$无限接近于确定的常数A,则称$x \to \infty$时$f(x)$的极限是A,记作

$$\lim_{x \to \infty} f(x) = A \text{ 或 } f(x) \to A (x \to \infty).$$

引例 1 函数$f(x) = \dfrac{x+1}{x}$在$x \to \infty$时无限接近于1,则称$x \to \infty$时$f(x)$的极限是1(图 1.33),表示为$\lim\limits_{x \to \infty} \dfrac{x+1}{x} = 1$.

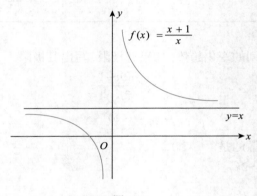

图 1.33

x趋近于正无穷大或负无穷大,有类似的描述性定义,相应的极限可表示为

$$\lim_{x \to +\infty} f(x) = A \text{ ; } \lim_{x \to -\infty} f(x) = A.$$

由描述性定义并借助基本初等函数的图形,不难得出:

(1)$\lim\limits_{x \to \infty} C = C$;

(2)$\lim\limits_{x \to +\infty} e^x$不存在;

(3)$\lim\limits_{x \to -\infty} e^x = 0$;

(4)$\lim\limits_{x \to +\infty} \arctan x = \dfrac{\pi}{2}$;

(5)$\lim\limits_{x \to -\infty} \arctan x = -\dfrac{\pi}{2}$.

从描述定义易知,$\lim\limits_{x \to \infty} f(x) = A$成立的充要条件是$\lim\limits_{x \to +\infty} f(x) = \lim\limits_{x \to -\infty} f(x) = A$.

依照数列极限的$\varepsilon - N$定义,给出当$x \to \infty$时函数$f(x)$极限的定义分析.

📢 **定义 1.7′**($\varepsilon - X$定义) 设函数$f(x)$当$|x|$大于某一正数时有定义,如果A

为一确定常数 A，对 $\forall \varepsilon > 0$，都 $\exists X > 0$，使当 $|x| > X$ 时，有 $|f(x) - A| < \varepsilon$ 成立，则称 A 为 $f(x)$ 当 $x \to \infty$ 时的极限，记作

$$\lim_{x \to \infty} f(x) = A \text{ 或 } f(x) \to A \text{（} x \to \infty \text{）}.$$

从几何直观上看，$\lim_{x \to \infty} f(x) = A$ 是指无论多么小的正数 ε，总能找到正数 X，当满足 $|x| > X$ 时，曲线 $y = f(x)$ 总是介于两条水平直线 $y = A - \varepsilon$ 和 $y = A + \varepsilon$ 之间（图 1.34）.

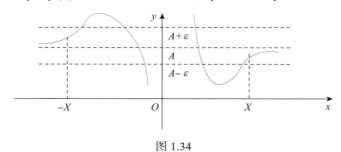

图 1.34

类似地，可写出 x 趋近于正无穷大或负无穷大时函数极限的定义分析.

例 1.13　证明 $\lim_{x \to -\infty} e^x = 0$.

证明　对 $\forall \varepsilon > 0$（设 $\varepsilon < 1$），要使 $|e^x - 0| < \varepsilon$，即 $e^x < \varepsilon$，得 $x < \ln \varepsilon$.

取 $X = -\ln \varepsilon$，则当 $|x| > X$ 时，$|e^x - 0| < \varepsilon$ 成立.

一般地，若 $\lim_{x \to \infty} f(x) = A$，则称直线 $y = A$ 为函数 $y = f(x)$ 的水平渐近线.

1.3.2　$x \to x_0$ 时函数 $f(x)$ 的极限

引例 2　讨论当 $x \to 1$ 时，函数 $f(x) = \dfrac{x^2 - 1}{x - 1}$ 的变化趋势.

从图 1.35 中可见，当 x 从 $x = 1$ 的左侧或右侧无限接近于 1 时，$f(x)$ 无限趋向于 2，因此，当 x 无限趋向于 1 但不等于 1 时，函数 $f(x)$ 的极限是 2.

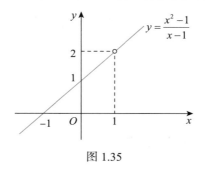

图 1.35

一般有下列描述性定义.

📢 **定义 1.8** 设 $f(x)$ 在 $\overset{\circ}{U}(x_0)$ 内有定义，A 是一个常数. 如果当 x 无限接近于 $x_0(x \neq x_0)$ 时，$f(x)$ 无限接近于 A，则称 A 为 $f(x)$ 当 x 趋向于 x_0 时的极限，记作

$$\lim_{x \to x_0} f(x) = A \text{ 或 } f(x) \to A \ (x \to x_0)$$

显然，函数 $f(x)$ 当 $x \to x_0$ 时极限存在与否，与函数 $f(x)$ 在 x_0 处的函数值无关，也与 $f(x)$ 在 x_0 点有无定义无关.

依照数列极限的 $\varepsilon - N$ 定义，给出函数当 $x \to x_0$ 时极限的定义分析.

📢 **定义 1.8′**（$\varepsilon - \delta$ 定义） 设 $f(x)$ 在 $\overset{\circ}{U}(x_0)$ 内有定义，A 为确定的常数，如果对任意的 $\varepsilon > 0$，存在 $\delta > 0$，使当 $0 < |x - x_0| < \delta$ 时，都有 $|f(x) - A| < \varepsilon$ 成立，则称函数 $f(x)$ 当 $x \to x_0$ 时以 A 为极限，记作

$$\lim_{x \to x_0} f(x) = A \text{ 或 } f(x) \to A \ (x \to x_0)$$

从几何直观上看，对于无论多么小的正数 ε，总能找到正数 δ，当 x 满足 $0 < |x - x_0| < \delta$ 时，曲线 $y = f(x)$ 总是介于两条水平直线 $y = A - \varepsilon$ 与 $y = A + \varepsilon$ 之间（图 1.36）.

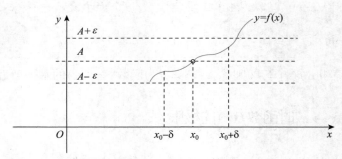

图 1.36

例 1.14 利用定义证明 $\lim\limits_{x \to 1} \dfrac{x^2 - 1}{x - 1} = 2$.

证明 $f(x) = \dfrac{x^2 - 1}{x - 1}$ 在 $x = 1$ 处无意义，但极限存在.

$\forall \varepsilon > 0$，要使

$$|f(x) - A| = \left| \frac{x^2 - 1}{x - 1} - 2 \right| = |(x + 1) - 2| = |x - 1| < \varepsilon$$

取 $\delta = \varepsilon$，当 $0 < |x - 1| < \delta$ 时，有

$$\left| \frac{x^2-1}{x-1} - 2 \right| < \varepsilon$$

即 $\lim\limits_{x \to 1} \frac{x^2-1}{x-1} = 2$.

由描述性定义并借助初等函数的图形不难得出

（1）$\lim\limits_{x \to x_0} C = C$；（2）$\lim\limits_{x \to x_0} x = x_0$；（3）$\lim\limits_{x \to 0} \sin x = 0$；（4）$\lim\limits_{x \to 0} \cos x = 1$.

定义 1.8 及定义 1.8′ 中 $x \to x_0$ 的方式是任意的，即无论从 x_0 的右侧还是从 x_0 的左侧趋向于 x_0，$f(x)$ 都无限地趋向于数 A，这种极限实际上为双侧极限．有时问题只需考虑 x 仅从 x_0 的一侧趋向于 x_0 时函数 $f(x)$ 的极限情形，即单侧极限问题．一般地，单侧极限有如下描述性定义．

📢 定义 1.9　（1）设 $f(x)$ 在 $(x_0 - \delta, x_0)$ 内有定义，如果当 x 从 x_0 的左侧无限接近于 x_0 时，函数 $f(x)$ 无限接近于常数 A，则称 A 为 $f(x)$ 当 x 趋向于 x_0 时的左极限，记作

$$\lim_{x \to x_0^-} f(x) = A \text{ 或 } f(x_0^-) = A$$

（2）设 $f(x)$ 在 $(x_0, x_0 + \delta)$ 内有定义，如果当 x 从 x_0 的右侧无限接近于 x_0 时，函数 $f(x)$ 无限接近于常数 A，则称 A 为 $f(x)$ 当 x 趋向于 x_0 时的右极限，记作

$$\lim_{x \to x_0^+} f(x) = A \text{ 或 } f(x_0^+) = A$$

根据定义 1.8′ 可类似地写出单侧极限的定义分析，这里不再赘述．

由以上定义，不难看出

$$\lim_{x \to x_0} f(x) = A \Leftrightarrow \lim_{x \to x_0^-} f(x) = \lim_{x \to x_0^+} f(x) = A .$$

例 1.15　讨论函数 $f(x) = \begin{cases} x-1, & x < 0 \\ 0, & x = 0 \\ x+1, & x > 0 \end{cases}$ 当 $x \to 0$ 时极限是否存在．

解　利用定义及几何直观可知

$$\lim_{x \to 0^+} f(x) = \lim_{x \to 0^+} (x+1) = 1 , \quad \lim_{x \to 0^-} f(x) = \lim_{x \to 0^-} (x-1) = -1 .$$

因为左右极限不相等，所以 $\lim\limits_{x \to 0} f(x)$ 不存在（图 1.37）．

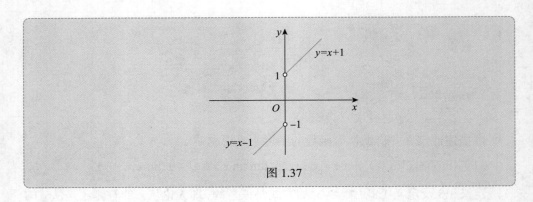

图 1.37

1.3.3 函数极限的性质

函数极限有着与数列极限类似的性质,由于函数极限中自变量的变化过程较复杂,下面仅对 $x \to x_0$ 的情形给出结论,其他变化过程的相应结论请读者自己给出.

➡ 定理 1.6(函数极限的唯一性) 若 $\lim\limits_{x \to x_0} f(x)$ 存在,则其极限是唯一的.

➡ 定理 1.7(函数极限的局部有界性) 若 $\lim\limits_{x \to x_0} f(x) = A$,则存在常数 $M > 0$ 和 $\delta > 0$,使得当 $0 < |x - x_0| < \delta$ 时,有 $|f(x)| \leqslant M$.

➡ 定理 1.8 (函数极限的保号性) 若 $\lim\limits_{x \to x_0} f(x) = A$ 且 $A > 0$(或 $A < 0$),则 $\exists \delta > 0$,当 $x \in \overset{\circ}{U}(x_0, \delta)$ 时,有 $f(x) > 0$(或 $f(x) < 0$).

由定理 1.8,易得以下推论.

> 推论 如果在 x_0 的某去心邻域内 $f(x) \geqslant 0$(或 $f(x) \leqslant 0$),且 $\lim\limits_{x \to x_0} f(x) = A$,那么 $A \geqslant 0$(或 $A \leqslant 0$).

1.3.4 函数极限的几何意义

(1)给定函数 $y = f(x)$,当 $|x|$ 无限增大时,如果函数 $f(x)$ 图像上的点无限趋近于某一条水平线 $y = A$(A 是常数),则称 A 是 $x \to \infty$ 时 $f(x)$ 的极限,记作

$$\lim_{x \to \infty} f(x) = A \ \text{或} \ f(x) \to A \ (x \to \infty).$$

(2)设 $f(x)$ 在 $\overset{\circ}{U}(x_0)$ 内有定义,如果当 x 无限接近于 $x_0(x \neq x_0)$ 时,$f(x)$ 图像上的点无限趋近于点 (x_0, A),A 是一个常数,则称 A 为 $f(x)$ 当 x 趋向于 x_0 时的

极限，记作

$$\lim_{x \to x_0} f(x) = A \text{ 或 } f(x) \to A\,(x \to x_0).$$

第一大类极限是否存在的关键是看函数在无穷远处函数图像上的点是否无限趋近上限或下限，第二大类极限是否存在的关键是看函数在某一点附近是否无限趋近波峰或波谷.

习题 1.3

1. 用极限的定义证明下列极限.

（1）$\lim\limits_{x \to 2}(x+1) = 3$；

（2）$\lim\limits_{x \to \infty} \dfrac{2x+1}{x} = 2$.

2. 设 $f(x) = \begin{cases} \dfrac{1}{x-1}, & x < 0 \\ x, & 0 < x < 1 \\ 1, & x > 1 \end{cases}$，极限 $\lim\limits_{x \to 0} f(x)$，$\lim\limits_{x \to 1} f(x)$ 是否存在？为什么？

3. 确定 k 值，使 $f(x) = \begin{cases} x^2, & x \leqslant 1 \\ x + k, & x > 1 \end{cases}$ 当 $x \to 1$ 时 $f(x)$ 极限存在.

4. $f(x) = \dfrac{x}{x}$ 及 $\varphi(x) = \dfrac{|x|}{x}$，当 $x \to 0$ 时的左、右极限是否存在？

5. 下列函数的图形是否有水平渐近线？若有水平渐近线，写出其方程.

（1）$y = \dfrac{2x+1}{x}$；

（2）$y = \mathrm{e}^x$.

1.4 无穷小量与无穷大量

1.4.1　无穷小量

📢 **定义 1.10**　在自变量的某一变化过程中，以零为极限的变量，称为该趋近过程下的无穷小量（简称为无穷小）.

此处的自变量变化过程包括

$$x \to x_0,\ x \to x_0^+,\ x \to x_0^-,\ x \to \infty,\ x \to -\infty,\ x \to +\infty,\ n \to \infty.$$

说明：记号"lim"下面没有标明自变量的变化过程，是指前面所提到的七类变化过程中的某一个，以后表述中的这种记法含义相同.

例如，$\lim\limits_{n\to\infty}\dfrac{\sin x}{x}=0$，则函数$\dfrac{\sin x}{x}$为当$x\to\infty$时的无穷小. $\lim\limits_{n\to\infty}\dfrac{1}{n+1}=0$，则数列$\left\{\dfrac{1}{n+1}\right\}$为当$n\to\infty$时的无穷小.

注意：

（1）无穷小不是很小很小的数，而是在自变量的某个变化过程中，其极限为零的变量.

（2）因$\lim 0=0$，故 0 是无穷小，0 是唯一可以作为无穷小的常量.

（3）无穷小是相对于自变量的某一变化过程而言的，例如$x\to\infty$时$\dfrac{1}{x}$是无穷小，而$x\to 1$时$\dfrac{1}{x}$不是无穷小.

下面的定理指出了函数极限与无穷小的关系.

➡ 定理 1.9 在自变量的同一变化过程中，函数$f(x)$以 A 为极限的充要条件是$f(x)=A+\alpha(x)$，其中$\alpha(x)$为无穷小.

无穷小还具有以下性质：

性质 1 有限个无穷小的代数和仍是无穷小.

性质 2 有限个无穷小的乘积仍是无穷小.

性质 3 无穷小与有界变量的乘积仍是无穷小.

推论 常量与无穷小的乘积仍是无穷小.

例 1.16 求$\lim\limits_{x\to 0}x\sin\dfrac{1}{x}$.

解 因$\lim\limits_{x\to 0}x=0$，$\sin\dfrac{1}{x}\leqslant 1$，故由性质 3 知$\lim\limits_{x\to 0}x\sin\dfrac{1}{x}=0$.

1.4.2 无穷大量

和无穷小的变化状态相反，如果在某个变化过程中，函数的绝对值无限增大，它就是无穷大量. 一般有以下定义.

◀ 定义 1.11 在自变量的某一变化过程中，若函数$f(x)$的绝对值无限增大，

则称在该变化过程中 $f(x)$ 是无穷大量（简称无穷大），记为

$$\lim f(x) = \infty \text{ 或 } f(x) \to \infty.$$

例如，$\lim\limits_{x\to\frac{\pi}{2}}\tan x = \infty$，故 $x \to \dfrac{\pi}{2}$ 时 $\tan x$ 是无穷大. $\lim\limits_{x\to 0}\dfrac{1}{x} = \infty$，故 $x \to 0$ 时 $\dfrac{1}{x}$ 是无穷大.

下面给出当 $x \to x_0$（或 x 趋近于无穷大）时，无穷大量的定义分析，其他变化过程下无穷大的定义分析请读者自己给出.

📢 定义 1.11′ 设 $f(x)$ 在 $\overset{\circ}{U}(x_0)$（或 $|x| > M$）时有定义. $\forall M > 0$，$\exists \delta > 0$（或 $X > 0$），当 $0 < |x - x_0| < \delta$（或 $|x| > X$）时，有

$$|f(x)| > M,$$

则称 $f(x)$ 当 $x \to x_0$（或 $x \to \infty$）时为无穷大，记作 $\lim f(x) = \infty$.

注意：

（1）无穷大是变量，而不是常数，所以无论多么大的数也不是无穷大.

（2）$\lim f(x) = \infty$ 并不意味着 $f(x)$ 在这一过程中有极限，而是借助这一记法表明极限不存在情形下这一特殊形态，有时也读"函数 $f(x)$ 的极限是无穷大".

（3）无穷大也是相对于自变量的某一变化过程而言的.

一般地，如果

$$\lim_{x\to x_0} f(x) = \infty$$

则称直线 $x = x_0$ 是曲线 $y = f(x)$ 的铅直渐近线.

例如 $\lim\limits_{x\to 0}\dfrac{1}{x} = \infty$，直线 $x = 0$ 为曲线 $f(x) = \dfrac{1}{x}$ 的铅直渐近线.

1.4.3 无穷小与无穷大的关系

➡ 定理 1.10 在自变量的同一变化过程中，无穷大的倒数为无穷小；恒不等于 0 的无穷小的倒数为无穷大.

根据该定理，我们可将对无穷大的研究化为对无穷小的研究，而无穷小的分析是微积分学的精髓.

习题 1.4

1. 下列各题中,哪些是无穷小? 哪些是无穷大?

（1）$\ln x$,当 $x \to 0^+$ 时；

（2）$\dfrac{1+(-1)^n}{n}$,当 $n \to \infty$ 时；

（3）$\dfrac{1}{\sqrt{x-2}}$,当 $x \to 2^+$ 时；

（4）$e^{\frac{1}{x}}$,当 $x \to 0^+$ 及 $x \to 0^-$ 时.

2. 求下列函数的极限.

（1）$\lim\limits_{x \to \infty} \dfrac{\cos 2x}{x^2}$；

（2）$\lim\limits_{x \to 0} x \cos \dfrac{1}{x}$.

1.5 极限的运算法则

前面讨论了极限的概念,本节讨论极限的求法,主要介绍极限的四则运算法则和复合函数的极限运算法则.

1.5.1 极限的四则运算法则

➡ **定理 1.11** 在自变量的同一变化过程中,设 $\lim f(x) = A$,$\lim g(x) = B$,则

（1）$\lim[f(x) \pm g(x)] = \lim f(x) \pm \lim g(x) = A \pm B$；

（2）$\lim[f(x) \cdot g(x)] = \lim f(x) \cdot \lim g(x) = A \cdot B$；

（3）$\lim \dfrac{f(x)}{g(x)} = \dfrac{\lim f(x)}{\lim g(x)} = \dfrac{A}{B}$（$B \neq 0$）.

定理 1.11 中的（1）（2）可以推广到有限个函数的情形:

$$\lim[f_1(x) \pm f_2(x) \pm \cdots \pm f_m(x)] = \lim f_1(x) \pm \lim f_2(x) \pm \cdots \pm \lim f_m(x)$$

$$\lim[f_1(x) f_2(x) \cdots f_m(x)] = \lim f_1(x) \lim f_2(x) \cdots \lim f_m(x)$$

推论 1 $\lim[Cf(x)] = C \cdot \lim f(x)$.

推论 2 设 $\lim f(x) = A$ 存在,$n \in \mathbf{N}^+$,则有 $\lim[f(x)]^n = [\lim f(x)]^n$.

说明:由于数列是特殊的函数,其极限的运算法则同定理 1.11,此处不再赘述.

➡ **定理 1.12** 如果 $\varphi(x) \geqslant \psi(x)$,而 $\lim \varphi(x) = a$,$\lim \psi(x) = b$,则 $a \geqslant b$.

证明 令 $$\Phi(x) = \varphi(x) - \psi(x),$$

由定理 1.11 知

$$\lim \Phi(x) = a - b,$$

而

$$\Phi(x) = \varphi(x) - \psi(x) \geqslant 0,$$

综上由局部保号性知

$$a - b \geqslant 0, \quad 即\ a \geqslant b.$$

例 1.17 设有理整函数 $P_n(x) = a_0 x^n + a_1 x^{n-1} + \cdots + a_{n-1} x + a_n$, 证明 $\lim\limits_{x \to x_0} P_n(x) = P_n(x_0)$.

证明
$$\lim_{x \to x_0} P_n(x) = \lim_{x \to x_0} (a_0 x^n + a_1 x^{n-1} + \cdots + a_{n-1} x + a_n)$$

$$= a_0 \lim_{x \to x_0} x^n + a_1 \lim_{x \to x_0} x^{n-1} + \cdots + a_{n-1} \lim_{x \to x_0} x + \lim_{x \to x_0} a_n$$

$$= a_0 x_0^{\ n} + a_1 x_0^{\ n-1} + \cdots + a_{n-1} x_0 + a_n$$

$$= P_n(x_0)$$

说明：有理整函数的极限 $\lim\limits_{x \to x_0} P_n(x)$ 就是 $P_n(x)$ 在 x_0 处的函数值 $P_n(x_0)$.

例 1.18 设有理分式函数 $f(x) = \dfrac{P_n(x_0)}{Q_m(x_0)} = \dfrac{a_0 x^n + a_1 x^{n-1} + \cdots + a_n}{b_0 x^m + b_1 x^{m-1} + \cdots + b_m}$, 且 $Q_m(x_0) \neq 0$. 证明 $\lim\limits_{x \to x_0} f(x) = f(x_0)$.

证明
$$\lim_{x \to x_0} f(x) = \lim_{x \to x_0} \frac{P_n(x)}{Q_m(x)} = \frac{P_n(x_0)}{Q_m(x_0)} = f(x_0)$$

例 1.19 求 $\lim\limits_{x \to 1} (x^2 - 5x + 10)$.

解
$$\lim_{x \to 1} (x^2 - 5x + 10) = 1^2 - 5 \times 1 + 10 = 6$$

例 1.20 求 $\lim\limits_{x \to 0} \dfrac{x^3 + 7x - 9}{x^5 - x + 3}$.

解
$$\lim_{x \to 0} \frac{x^3 + 7x - 9}{x^5 - x + 3} = \frac{0^3 + 7 \times 0 - 9}{0^5 - 0 + 3} = -3 .$$

在定理 1.11 的（3）中，$\lim g(x) \neq 0$, 若 $\lim g(x) = 0$, 则商的极限运算法则不

能应用,须做特别处理.

例 1.21　求 $\lim\limits_{x\to 1}\dfrac{x^2+x-2}{2x^2+x-3}$.

解　当 $x\to 1$ 时,分子、分母均趋于 0,故分子、分母不能分别取极限.因为 $x\neq 1$,分子、分母可约去公因子 $(x-1)$,

所以　$\lim\limits_{x\to 1}\dfrac{x^2+x-2}{2x^2+x-3}=\lim\limits_{x\to 1}\dfrac{x+2}{2x+3}=\dfrac{3}{5}$

例 1.22　求 $\lim\limits_{x\to 2}\dfrac{x^2}{x-2}$.

解　当 $x\to 2$ 时,$x-2\to 0$,故不能直接用定理 1.11,又因 $x^2\to 4$,考虑

$$\lim\limits_{x\to 2}\dfrac{x-2}{x^2}=\dfrac{2-2}{4}=0,$$

故　　　　　$\lim\limits_{x\to 2}\dfrac{x^2}{x-2}=\infty$.

例 1.23　求 $\lim\limits_{x\to\infty}\dfrac{3x^3+4x^2+2}{7x^3+5x^2-3}$.

解　先用 x^3 去除分子及分母,然后取极限:

$$\lim\limits_{x\to\infty}\dfrac{3x^3+4x^2+2}{7x^3+5x^2-3}=\lim\limits_{x\to\infty}\dfrac{3+\dfrac{4}{x}+\dfrac{2}{x^3}}{7+\dfrac{5}{x}-\dfrac{3}{x^3}}=\dfrac{3}{7}.$$

例 1.24　求 $\lim\limits_{x\to\infty}\dfrac{3x^2-2x-1}{2x^3-x^2+5}$.

解　先用 x^3 去除分子及分母,然后取极限:

$$\lim\limits_{x\to\infty}\dfrac{3x^2-2x-1}{2x^3-x^2+5}=\lim\limits_{x\to\infty}\dfrac{\dfrac{3}{x}-\dfrac{2}{x^2}-\dfrac{1}{x^3}}{2-\dfrac{1}{x}+\dfrac{5}{x^3}}=\dfrac{0}{2}=0.$$

例 1.25　求 $\lim\limits_{x\to\infty}\dfrac{2x^3-x^2+5}{3x^2-2x-1}$.

解　由上例可知 $\lim\limits_{x\to\infty}\dfrac{3x^2-2x-1}{2x^3-x^2+5}=0$,所以 $\lim\limits_{x\to\infty}\dfrac{2x^3-x^2+5}{3x^2-2x-1}=\infty$.

总结例 1.23 至例 1.25 可得如下结论, 设 $a_0 \neq 0 \neq b_0 \neq 0$, m, n 为自然数, 则

$$\lim_{x \to \infty} \frac{a_0 x^n + a_1 x^{n-1} + \cdots + a_n}{b_0 x^m + b_1 x^{m-1} + \cdots + b_m} = \begin{cases} \dfrac{a_0}{b_0} & , \quad \text{当 } n = m \text{ 时} \\ 0 & , \quad \text{当 } n < m \text{ 时} \\ \infty & , \quad \text{当 } n > m \text{ 时} \end{cases}$$

1.5.2　复合函数的极限法则

→ 定理 1.13　设函数 $y = f(\varphi(x))$ 由 $y = f(u)$, $u = \varphi(x)$ 复合而成, $f(\varphi(x))$ 在 $\overset{\circ}{U}(x_0)$ 内有定义, 若 $\lim\limits_{x \to x_0} \varphi(x) = u_0$, $\lim\limits_{u \to u_0} f(u) = A$, 且 $\varphi(x) \neq 0$, $x \in \overset{\circ}{U}(x_0)$, 则 $\lim\limits_{x \to x_0} f(\varphi(x)) = \lim\limits_{u \to u_0} f(u) = A$.

证明　从略.

定理 1.13 说明, 计算复合函数的极限 $\lim\limits_{x \to x_0} f(\varphi(x))$, 可令 $u = \varphi(x)$, 求中间变量的极限 $\lim\limits_{x \to x_0} \varphi(x) = u_0$, 再求 $\lim\limits_{u \to u_0} f(u)$ 即可.

在 上 述 定 理 中, 把 $\lim\limits_{x \to x_0} \varphi(x) = u_0$ 换 成 $\lim\limits_{x \to x_0} \varphi(x) = \infty$ 或 $\lim\limits_{x \to \infty} \varphi(x) = \infty$, 而 把 $\lim\limits_{u \to u_0} f(u) = A$ 换成 $\lim\limits_{u \to \infty} f(u) = A$, 可得类似结论.

例 1.26　求 $\lim\limits_{x \to 3} \sqrt{\dfrac{x^2 - 9}{x - 3}}$.

解　$y = \sqrt{\dfrac{x^2 - 9}{x - 3}}$ 是由 $y = \sqrt{u}$ 与 $u = \dfrac{x^2 - 9}{x - 3}$ 复合而成的.

因为　$\lim\limits_{x \to 3} \dfrac{x^2 - 9}{x - 3} = 6$,

所以　$\lim\limits_{x \to 3} \sqrt{\dfrac{x^2 - 9}{x - 3}} = \lim\limits_{u \to 6} \sqrt{u} = \sqrt{6}$.

例 1.27　求 $\lim\limits_{x \to 1} \left(\dfrac{1}{x - 1} - \dfrac{2}{x^2 - 1} \right)$.

解　当 $x \to 1$ 时, $\dfrac{1}{x - 1}$ 与 $\dfrac{2}{x^2 - 1}$ 都是无穷大 (称为 $\infty - \infty$ 型未定式极限), 因此不能直接用和的极限法则, 此时考虑通分.

$$\lim_{x\to 1}\left(\frac{1}{x-1}-\frac{2}{x^2-1}\right)=\lim_{x\to 1}\frac{x-1}{(x-1)(x+1)}=\frac{1}{2}.$$

习题 1.5

1. 求下列极限.

（1）$\lim\limits_{x\to\infty}\dfrac{4x^2-7x-1}{x^2+3x+1}$;

（2）$\lim\limits_{x\to 1}\dfrac{x-1}{x^2-1}$;

（3）$\lim\limits_{t\to 0}\dfrac{(x+t)^2-t^2}{t}$;

（4）$\lim\limits_{x\to\infty}\dfrac{(2x-1)^{30}\cdot(3x-2)^{20}}{(2x+1)^{50}}$;

（5）$\lim\limits_{x\to 1}\dfrac{x^2-3x+2}{1-x^2}$;

（6）$\lim\limits_{x\to 3}(x^2+3x+2)$;

（7）$\lim\limits_{x\to 1}\dfrac{x^2-1}{x^2-3x+2}$;

（8）$\lim\limits_{x\to 1}\left(\dfrac{3}{1-x^3}-\dfrac{1}{1-x}\right)$;

（9）$\lim\limits_{x\to 0}\dfrac{x^2}{\sqrt{x^2+1}-1}$;

（10）$\lim\limits_{x\to 0}x(\sqrt{1+x^2}-x)$;

（11）$\lim\limits_{x\to 0}\dfrac{1-\sqrt{x+1}}{2x}$;

（12）$\lim\limits_{x\to 1}\left(\dfrac{1}{1-x}+\dfrac{1-3x}{1-x^2}\right)$;

（13）$\lim\limits_{n\to\infty}\left(1+\dfrac{1}{2}+\dfrac{1}{4}+\cdots+\dfrac{1}{2^n}\right)$;

（14）$\lim\limits_{n\to\infty}\left(\dfrac{1}{1\cdot 3}+\dfrac{1}{3\cdot 5}+\cdots+\dfrac{1}{(2n-1)(2n+1)}\right)$.

2. 若 $\lim\limits_{x\to 1}\dfrac{x^2+ax-b}{1-x}=5$,求 a , b 的值.

3. 下列陈述中,哪些是对的,哪些是错的? 如果是对的,说明理由; 如果是错的,试给出一个反例.

（1）如果 $\lim\limits_{x\to x_0}f(x)$ 存在,但 $\lim\limits_{x\to x_0}g(x)$ 不存在,那么 $\lim\limits_{x\to x_0}\left[f(x)+g(x)\right]$ 不存在.

（2）如果 $\lim\limits_{x\to x_0}f(x)$ 和 $\lim\limits_{x\to x_0}g(x)$ 不存在,那么 $\lim\limits_{x\to x_0}\left[f(x)+g(x)\right]$ 不存在.

（3）如果 $\lim\limits_{x\to x_0}f(x)$ 存在,但 $\lim\limits_{x\to x_0}g(x)$ 不存在,那么 $\lim\limits_{x\to x_0}f(x)g(x)$ 不存在.

1.6 极限存在准则 两个重要极限

本节介绍两个判断极限存在的准则,并在此理论基础上给出两个重要极限.

1.6.1　夹逼准则

准则 I（夹逼准则）　如果数列 $\{x_n\}$，$\{y_n\}$，$\{z_n\}$ 满足下列条件：

（1）$y_n \leqslant x_n \leqslant z_n$，

（2）$\lim\limits_{n\to\infty} y_n = \lim\limits_{n\to\infty} z_n = a$，

则数列 $\{x_n\}$ 的极限存在，且 $\lim\limits_{n\to\infty} x_n = a$.

> 证明　因为 $\lim\limits_{n\to\infty} y_n = a$，$\lim\limits_{n\to\infty} z_n = a$，所以根据数列极限的定义，$\forall \varepsilon > 0$，$\exists N_1 > 0$，当 $n > N_1$ 时，有 $|y_n - a| < \varepsilon$；又 $\exists N_2 > 0$，当 $n > N_2$ 时，有 $|z_n - a| < \varepsilon$．现取 $N = \max\{N_1, N_2\}$，则当 $n > N$ 时，有
> $$|y_n - a| < \varepsilon, \quad |z_n - a| < \varepsilon$$
> 同时成立，即
> $$a - \varepsilon < y_n < a + \varepsilon, \quad a - \varepsilon < z_n < a + \varepsilon$$
> 同时成立，即 $y_n \leqslant x_n \leqslant z_n$，所以当 $n > N$ 时，有
> $$a - \varepsilon < y_n \leqslant x_n \leqslant z_n < a + \varepsilon,$$
> 即 $|x_n - a| < \varepsilon$.
>
> 　这就证明了 $\lim\limits_{n\to\infty} x_n = a$.

对于函数，准则 I 有类似结论.

准则 I′　在自变量的同一变化过程，设 $f(x)$，$g(x)$，$h(x)$ 满足：

（1）$g(x) \leqslant f(x) \leqslant h(x)$，$x \in \overset{\circ}{U}(x_0)$（或 $|x| > M$），

（2）$\lim g(x) = \lim h(x) = A$，

则 $\lim f(x) = A$.

作为准则 I′ 的应用，将证明第一个重要极限
$$\lim_{x\to 0} \frac{\sin x}{x} = 1.$$

> 证明　作单位圆，如图 1.38 所示.

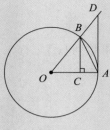

图 1.38

设 x 为圆心角 $\angle AOB$，并设 $0 < x < \dfrac{\pi}{2}$，从图中不难发现

$$S_{\triangle AOB} < S_{扇形 AOB} < S_{\triangle AOD}，$$

所以，$\dfrac{1}{2}\sin x < \dfrac{1}{2}x < \dfrac{1}{2}\tan x$，即

$$\sin x < x < \tan x \Rightarrow 1 < \frac{x}{\sin x} < \frac{1}{\cos x} \text{ 或 } \cos x < \frac{\sin x}{x} < 1$$

当 x 改变符号时，$\cos x$，$\dfrac{\sin x}{x}$ 及 1 的值均不变，故对满足 $0 < |x| < \dfrac{\pi}{2}$ 的一

切 x，有 $\cos x < \dfrac{\sin x}{x} < 1$．

又因为 $\cos x = 1 - (1 - \cos x) = 1 - 2\sin^2\left(\dfrac{x}{2}\right) > 1 - 2 \cdot \dfrac{x^2}{4} = 1 - \dfrac{x^2}{2}$，

所以 $1 - \dfrac{x^2}{2} < \cos x < 1 \Rightarrow \lim\limits_{x \to 0}\cos x = 1$

而 $\lim\limits_{x \to 0}\cos x = \lim\limits_{x \to 0}1 = 1$

根据准则 I ′ 知

$$\lim_{x \to 0}\frac{\sin x}{x} = 1．$$

这个极限非常重要，在以后将经常用到，因此要注意其基本特征：分子中正弦函数的自变量与分母相同，且在自变量的某变化过程中有 $\lim \varphi(x) = 0$（$\varphi(x) \neq 0$），则有

$$\lim\frac{\sin \varphi(x)}{\varphi(x)} = 1（\text{称} \frac{0}{0} \text{型未定式}）．$$

例 1.28 求 $\lim\limits_{x\to 0}\dfrac{\tan x}{x}$.

解 $\lim\limits_{x\to 0}\dfrac{\tan x}{x}=\lim\limits_{x\to 0}\dfrac{\sin x}{x}\cdot\dfrac{1}{\cos x}=\lim\limits_{x\to 0}\dfrac{\sin x}{x}\cdot\lim\limits_{x\to 0}\dfrac{1}{\cos x}=1$.

例 1.29 求 $\lim\limits_{x\to 0}\dfrac{1-\cos x}{x^2}$.

解 $\lim\limits_{x\to 0}\dfrac{1-\cos x}{x^2}=\lim\limits_{x\to 0}\dfrac{2\sin^2\left(\dfrac{x}{2}\right)}{x^2}=\dfrac{1}{2}\cdot\lim\limits_{x\to 0}\left(\dfrac{\sin\dfrac{x}{2}}{\dfrac{x}{2}}\right)^2=\dfrac{1}{2}$.

例 1.30 求 $\lim\limits_{x\to 0}\dfrac{\arcsin x}{x}$.

解 令 $t=\arcsin x$，则 $x=\sin t$，当 $x\to 0$ 时，有 $t\to 0$，于是

$$\lim_{x\to 0}\frac{\arcsin x}{x}=\lim_{t\to 0}\frac{t}{\sin t}=1$$

关于这个重要极限，我们有如下三点需要说明：

（1）此为 $\dfrac{0}{0}$ 型未定式（前提）.

（2）在同一极限过程中，$\dfrac{\sin()}{()}$ 中()内部分相同且在该极限过程中()的极限皆为 0，即有 $\lim\dfrac{\sin()}{()}=1$.

（3）此 $\dfrac{0}{0}$ 型未定式极限过程中不一定只趋于 0，$x\to\infty$ 或 $x\to x_0$，皆有相应结果.

例如：$\lim\limits_{x\to 1}\dfrac{\sin(x-1)}{(x-1)}=1$.

$$\lim_{x\to\infty}x^2\left(1-\cos\frac{1}{x}\right)=\lim_{x\to\infty}\frac{1-\cos\dfrac{1}{x}}{\dfrac{1}{x^2}}=\frac{1}{2}$$

上述例 1.28、例 1.29、例 1.30 的结果可作为公式记忆.

1.6.2 单调有界收敛准则

定义 1.12 设有数列 $\{x_n\}$，如果 $x_1\leqslant x_2\leqslant\cdots\leqslant x_n\leqslant\cdots$，则称数列 $\{x_n\}$ 是

单调增加的；如果 $x_1 \geq x_2 \geq \cdots \geq x_n \geq \cdots$，则称数列 $\{x_n\}$ 是单调减少的. 单调增加和单调减少的数列统称为单调数列.

我们曾指出：收敛数列一定有界，但有界数列却不一定收敛. 但是如果加上单调性，可得到如下准则.

准则 II　单调有界数列必有极限.

准则 II 包含了以下两个结论：

（1）若数列 $\{x_n\}$ 单调增加且有上界，则该数列必有极限.

（2）若数列 $\{x_n\}$ 单调减少且有下界，则该数列必有极限.

作为准则 II 的应用，将讨论第二个重要极限：

$$\lim_{x \to \infty}\left(1 + \frac{1}{x}\right)^x$$

（1）先证 $\lim_{n \to \infty}\left(1 + \frac{1}{n}\right)^n$ 存在.

设 $x_n = \left(1 + \frac{1}{n}\right)^n$，先证 $\{x_n\}$ 单调增加.

$$x_n = \left(1 + \frac{1}{n}\right)^n = 1 + \frac{n}{1!} \cdot \frac{1}{n} + \frac{n(n-1)}{2!} \cdot \frac{1}{n^2} + \frac{n(n-1)(n-2)}{3!} \cdot \frac{1}{n^3}$$
$$+ \cdots + \frac{n(n-1)\cdots(n-n+1)}{n!} \cdot \frac{1}{n^n}$$
$$= 1 + 1 + \frac{1}{2!}\left(1 - \frac{1}{n}\right) + \frac{1}{3!}\left(1 - \frac{1}{n}\right)\left(1 - \frac{2}{n}\right) + \cdots + \frac{1}{n!}\left(1 - \frac{1}{n}\right)\left(1 - \frac{2}{n}\right) \cdots \left(1 - \frac{n-1}{n}\right),$$

类似地，有

$$x_{n+1} = 1 + 1 + \frac{1}{2!}\left(1 - \frac{1}{n+1}\right) + \frac{1}{3!}\left(1 - \frac{1}{n+1}\right)\left(1 - \frac{2}{n+1}\right)$$
$$+ \cdots + \frac{1}{n!}\left(1 - \frac{1}{n+1}\right)\left(1 - \frac{2}{n+1}\right) \cdots \left(1 - \frac{n-1}{n+1}\right)$$
$$+ \frac{1}{(n+1)!}\left(1 - \frac{1}{n+1}\right)\left(1 - \frac{2}{n+1}\right) \cdots \left(1 - \frac{n}{n+1}\right).$$

比较 x_n, x_{n+1} 的展开式，可以看出除前两项外，x_n 的每一项都小于 x_{n+1} 的对应项，并且 x_{n+1} 还多了最后一项，其值大于 0，因此 $x_n < x_{n+1}$，这就是说数列 $\{x_n\}$ 是单调增加的.

这个数列同时还是有界的. 因为 x_n 的展开式中各项括号内的数用较大的数 1 代替，得

$$x_n \leq 1 + 1 + \frac{1}{2!} + \frac{1}{3!} + \cdots + \frac{1}{n!} \leq 1 + 1 + \frac{1}{2} + \frac{1}{2^2} + \cdots + \frac{1}{2^{n-1}} = 1 + \frac{1 - \frac{1}{2^n}}{1 - \frac{1}{2}} = 3 - \frac{1}{2^{n-1}} < 3.$$

数列 $\{x_n\}$ 有上界,由准则 Ⅱ 知数列 $\{x_n\}$ 极限存在,通常用字母 e 表示,e 是一个无理数,$e = 2.718281828459045\cdots$,即

$$\lim_{n \to \infty}\left(1+\frac{1}{n}\right)^n = e.$$

(2)可以证明,当 x 取实数且趋向于 $+\infty$ 或 $-\infty$ 时,函数 $\left(1+\frac{1}{x}\right)^x$ 的极限存在,且都等于 e,即

$$\lim_{x \to \infty}\left(1+\frac{1}{x}\right)^x = e.$$

例 1.31 求 $\lim_{x \to \infty}\left(1+\frac{2}{x}\right)^x$.

解 $\lim_{x \to \infty}\left(1+\frac{2}{x}\right)^x = \lim_{x \to \infty}\left[\left(1+\frac{1}{\frac{x}{2}}\right)^{\frac{x}{2}}\right]^2 = \left[\lim_{x \to \infty}\left(1+\frac{1}{\frac{x}{2}}\right)^{\frac{x}{2}}\right]^2 = e^2.$

例 1.32 求 $\lim_{n \to \infty}\left(1+\frac{1}{n}\right)^{n+2}$.

解 $\lim_{n \to \infty}\left(1+\frac{1}{n}\right)^{n+2} = \lim_{n \to \infty}\left(1+\frac{1}{n}\right)^n\left(1+\frac{1}{n}\right)^2 = e \times 1^2 = e.$

例 1.33 求 $\lim_{x \to \infty}\left(1-\frac{1}{x}\right)^x$.

解

$\lim_{x \to \infty}\left(1-\frac{1}{x}\right)^x = \lim_{x \to \infty}\left(1+\frac{1}{-x}\right)^x = \lim_{x \to \infty}\left(1+\frac{1}{-x}\right)^{(-x)\cdot(-1)} = \lim_{x \to \infty}\left[\left(1+\frac{1}{-x}\right)^{-x}\right]^{-1} = e^{-1}.$

例 1.34 求 $\lim_{x \to \infty}\left(\frac{2n-1}{2n+1}\right)^n$.

解

$\lim_{x \to \infty}\left(\frac{2n-1}{2n+1}\right)^n = \lim_{x \to \infty}\left(1-\frac{2}{2n+1}\right)^n = \lim_{x \to \infty}\left(1-\frac{1}{n+\frac{1}{2}}\right)^{n+\frac{1}{2}}\cdot\left(1-\frac{1}{n+\frac{1}{2}}\right)^{-\frac{1}{2}} = \frac{1}{e}\cdot 1^{-\frac{1}{2}} = \frac{1}{e}.$

在利用第二个重要极限求某些函数的极限时,常会遇到形如 $[f(x)]^{g(x)}$ 的函数极限,如果 $\lim f(x)=A>0$,$\lim g(x)=B$,则可以证明

$$\lim[f(x)]^{g(x)}=A^B.$$

关于这个重要极限,我们也有下面两点需要说明:

(1)此极限为 1^∞ 型未定式(前提).

(2)$[1+1/(\ )]^{(\ )}$ 型中(\ )部分互为倒数,且在同一极限过程中指数(\ )部分趋向于 ∞、底的 $1/(\ )$ 部分趋向于 0,就有类似结果.

习题 1.6

1. 求下列极限.

(1) $\lim\limits_{x\to\infty}x\sin\dfrac{1}{x}$;

(2) $\lim\limits_{x\to 0}\dfrac{\sin ax}{\sin bx}(b\neq 0)$;

(3) $\lim\limits_{x\to 0}\dfrac{x-\sin x}{x+\sin x}$;

(4) $\lim\limits_{x\to 0}\dfrac{\arcsin 3x}{\arcsin 5x}$;

(5) $\lim\limits_{x\to\infty}2^n\sin\dfrac{x}{2^n}$;

(6) $\lim\limits_{x\to a}\dfrac{\sin x-\sin a}{x-a}$;

(7) $\lim\limits_{x\to 0}\dfrac{\tan x-\sin x}{x}$;

(8) $\lim\limits_{x\to 0}\dfrac{1-\sqrt{1+x^2}}{\tan^2 x}$;

(9) $\lim\limits_{x\to\infty}\dfrac{x^2\sin\dfrac{1}{x}}{\sqrt{2x^2-1}}$;

(10) $\lim\limits_{x\to 0}\dfrac{x}{\sqrt{1-\cos x}}$.

2. 求下列极限.

(1) $\lim\limits_{n\to\infty}\left(1+\dfrac{3}{n}\right)^{-n}$;

(2) $\lim\limits_{x\to 0}(1-3x)^{2+\frac{1}{x}}$;

(3) $\lim\limits_{x\to\infty}\left(\dfrac{x+3}{x+1}\right)^x$;

(4) $\lim\limits_{x\to 0}\left(\dfrac{2-x}{2}\right)^{\frac{1}{x}}$.

3. 用夹逼定理求下列极限.

(1) $\lim\limits_{n\to\infty}\left(\dfrac{n}{n^2+1}+\dfrac{n}{n^2+2}+\cdots+\dfrac{n}{n^2+n}\right)$; (2) $\lim\limits_{n\to\infty}(1^n+2^n+3^n+4^n)^{\frac{1}{n}}$.

4. 利用单调有界准则,证明下列数列极限存在,并求出极限值.

(1) $x_1=\sqrt{2}$,$x_{n+1}=\sqrt{2+x_n}$,$n=1,2,\cdots$

(2) $x_1=1$,$x_{n+1}=1+\dfrac{x_n}{1+x_n}$,$n=1,2,\cdots$

1.7　无穷小的比较

由无穷小的性质知,两个无穷小的和、差及乘积仍为无穷小,但是两个无穷小的商还是无穷小吗?例如 $x \to 0$ 时, x, x^2, $2x$ 都是无穷小,而

$$\lim_{x \to 0} \frac{x}{2x} = \frac{1}{2}, \lim_{x \to 0} \frac{x^2}{x} = 0, \lim_{x \to 0} \frac{x}{x^2} = \infty.$$

可见,在自变量的同一变化过程中的两个无穷小之比的极限出现了上述三种不同情况.在自变量的同一变化过程中的无穷小,虽然都是以 0 为极限,但趋于 0 的速度却不一定相同.为了区别其速度的快慢,给出如下定义.

🔖 定义 1.13　设无穷小 α, β 及极限 $\lim \frac{\beta}{\alpha}$ 都是对于同一个自变量的变化过程而言,且 α 恒不为 0.

（1）如果 $\lim \frac{\beta}{\alpha} = 0$,称 β 是比 α 高阶的无穷小,记作 $\beta = o(\alpha)$.

（2）如果 $\lim \frac{\beta}{\alpha} = \infty$,称 β 是比 α 低阶的无穷小.

（3）如果 $\lim \frac{\beta}{\alpha} = c$ （$c \neq 0$）,称 β 与 α 是同阶无穷小.特别地,如果 $\lim \frac{\beta}{\alpha} = 1$,称 β 与 α 是等价无穷小,记作 $\alpha \sim \beta$.

（4）如果 $\lim \frac{\beta}{\alpha^k} = c \neq 0$,称 β 是 α 的 k 阶无穷小.

显然,等价无穷小是同阶无穷小的特殊情形,即 $c = 1$ 的情形.

下面举一些例子:

因为 $\lim_{x \to 0} \frac{x^2}{x} = 0$,所以当 $x \to 0$ 时, x^2 是比 x 高阶的无穷小,即 $x^2 = o(x)(x \to 0)$.

因为 $\lim_{x \to 0} \frac{1 - \cos x}{x^2} = \frac{1}{2}$,所以当 $x \to 0$ 时, $1 - \cos x$ 与 x^2 是同阶无穷小,且 $1 - \cos x \sim \frac{1}{2} x^2$.

因为 $\lim_{x \to 0} \frac{\sin x}{x} = 1$,则当 $x \to 0$ 时, $\sin x \sim x$.

例 1.35　证明: $x \to 0$ 时,当 $n \in \mathbf{N}^+$ 时, $\sqrt[n]{1 + x} - 1 \sim \frac{1}{n} x$.

证明　$\lim_{x \to 0} \frac{\sqrt[n]{1 + x} - 1}{\frac{1}{n} x} = \lim_{x \to 0} \frac{\left(\sqrt[n]{1 + x}\right)^n - 1}{\frac{1}{n} x \left[\sqrt[n]{(1 + x)^{n-1}} + \sqrt[n]{(1 + x)^{n-2}} + \cdots + 1\right]}$

$$= \lim_{x \to 0} \frac{n}{\sqrt[n]{(1+x)^{n-1}} + \sqrt[n]{(1+x)^{n-2}} + \cdots + 1} = 1$$

所以 $x \to 0$ 时，

$$\sqrt[n]{1+x} - 1 \sim \frac{1}{n}x.$$

更一般地，$x \to 0$ 时，

$$(1+x)^{\alpha} - 1 \sim ax \quad （\alpha \neq 0 \text{ 且不为常数}）.$$

由 1.6 节的讨论及本节定义知 $x \to 0$ 时，$\sin x \sim x$，$\tan x \sim x$，$\arcsin x \sim x$，$\arctan x \sim x$，$\ln(1+x) \sim x$，$\mathrm{e}^x - 1 \sim x$，$1 - \cos x \sim \frac{1}{2}x^2$，$a^x - 1 \sim x \ln a$（$a > 0$），$(1+x)^{\alpha} - 1 \sim ax$（$\alpha \neq 0$ 且不为常数）.

关于等价无穷小，有下面两个定理.

➡ **定理 1.14** α 与 β 是等价无穷小的充分必要条件为

$$\beta = \alpha + o(\alpha).$$

证明 **必要性** 设 $\alpha \sim \beta$，则

$$\lim \frac{\beta - \alpha}{\alpha} = \lim \frac{\beta}{\alpha} - 1 = 0 .$$

因此

$$\beta - \alpha = o(\alpha).$$

即

$$\beta = \alpha + o(\alpha).$$

充分性 若 $\beta = \alpha + o(\alpha)$，

则

$$\lim \frac{\beta}{\alpha} = \lim \frac{\alpha + o(\alpha)}{\alpha} = \lim \left[1 + \frac{o(\alpha)}{\alpha} \right] = 1$$

即

$$\alpha \sim \beta.$$

➡ **定理 1.15**（等价无穷小替换原理） 设 α，β，α'，β' 均为 x 的同一变化过程中的无穷小，且 $\alpha \sim \alpha'$，$\beta \sim \beta'$，则

$$\lim \frac{\beta}{\alpha} = \lim \frac{\beta'}{\alpha'}$$

证明　$\lim\dfrac{\beta}{\alpha}=\lim\dfrac{\beta}{\beta'}\cdot\dfrac{\beta'}{\alpha}\cdot\dfrac{\alpha}{\alpha'}=\lim\dfrac{\beta}{\beta'}\cdot\lim\dfrac{\beta'}{\alpha}\cdot\lim\dfrac{\alpha}{\alpha'}=\lim\dfrac{\beta'}{\alpha'}.$

定理 1.15 表明,在求两个无穷小量比的极限时,分子和分母都可以用等价无穷小代替. 如果选择适当,可使计算过程简化,因此要熟知常用的重要等价无穷小量.

例 1.36　求 $\lim\limits_{x\to0}\dfrac{\tan2x}{\sin5x}$.

解　当 $x\to0$ 时,$\sin5x\sim5x$,$\tan2x\sim2x$. 故

$$\lim_{x\to0}\frac{\tan2x}{\sin5x}=\lim_{x\to0}\frac{2x}{5x}=\frac{2}{5}.$$

例 1.37　求 $\lim\limits_{x\to0}\dfrac{\ln(1+2x)}{\arcsin3x}$.

解　当 $x\to0$ 时,$\arcsin3x\sim3x$,$\ln(1+2x)\sim2x$. 故

$$\lim_{x\to0}\frac{\ln(1+2x)}{\arcsin3x}=\lim_{x\to0}\frac{2x}{3x}=\frac{2}{3}.$$

注意:利用等价无穷小代换求极限,一般是积、商时进行整体代换,而在有和、差时要慎重,如 $\lim\limits_{x\to0}\dfrac{2\sin x-\sin2x}{x^3}$ 利用代换化为 $\lim\limits_{x\to0}\dfrac{2x-2x}{x^3}$ 已无法运算,但可进行如下运算:

$$\lim_{x\to0}\frac{2\sin x-\sin2x}{x^3}=\lim_{x\to0}\frac{2\sin x}{x}\cdot\frac{1-\cos x}{x^2}=2\cdot\frac{1}{2}=1.$$

习题 1.7

1. 比较下列无穷小的阶.

（1）当 $x\to0$ 时,x^3+100x 与 x^2;

（2）当 $x\to0$ 时,$(1+x)^{\frac{1}{3}}$ 与 $\dfrac{x}{3}$;

（3）当 $x\to0$ 时,$1-x$ 与 $1-\sqrt[3]{x}$;

（4）当 $x\to0$ 时,$\sec x-1$ 与 $\dfrac{x^2}{2}$.

2. 利用无穷小的等价代换,求下列极限.

（1）$\lim\limits_{x\to0}\dfrac{1-\cos ax}{\sin^2bx}$（$b\neq0$）;

（2）$\lim\limits_{x\to0}\dfrac{\sin(x^n)}{(\sin x)^m}$;

（3）$\lim\limits_{x \to 0} \dfrac{\tan x - \sin x}{\sin^3 x}$；

（4）$\lim\limits_{x \to 1} \dfrac{\sqrt[3]{1+(x-1)^2}-1}{\sin^2(x-1)}$.

3. 证明无穷小的等价关系具有下列性质.

（1）自反性：$\alpha \sim \alpha$.

（2）对称性：若 $\alpha \sim \beta$，则 $\beta \sim \alpha$.

（3）传递性：若 $\alpha \sim \beta$，$\beta \sim \gamma$，则 $\alpha \sim \gamma$.

1.8　函数的连续性与间断

自然界中很多变量的变化是连续不断的，如气温的变化、植物的生长、生物体的运动速度的变化等. 这就是说，当时间变化很小时，气温、植物的生长、生物体的运动速度等的变化也很小，这种现象反映在数学上就是函数的连续性. 下面我们以极限为工具建立函数连续的概念.

1.8.1　函数的连续性

设函数 $y = f(x)$，如果自变量 x 从 x_0 变化到 $x_0 + \Delta x$，那么 Δx 称为自变量的增量. 相应地，函数 y 从 $f(x_0)$ 变化到 $f(x_0 + \Delta x)$，则函数的增量为 $\Delta y = f(x_0 + \Delta x) - f(x_0)$，如图 1.39 所示.

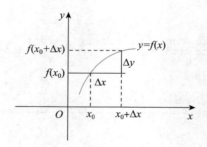

图 1.39

增量 Δx，Δy 可以是正的，也可以是负的，也可以是零.

对于函数 $y = f(x)$ 定义域内的一点，如果自变量在 x_0 处取得极其微小改变量 Δx 时，函数 y 的相应改变量 Δy 也极其微小，且当 Δx 趋于 0 时，Δy 也趋于 0，则称 $y = f(x)$ 在 x_0 处连续，如图 1.40 所示. 而对图 1.41 的函数来说，$y = f(x)$ 在 x_0 处不连续.

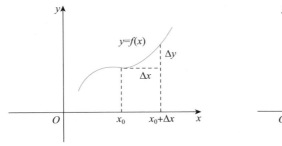

图 1.40   图 1.41

📢 定义 1.14　设函数 $y = f(x)$ 在 $\mathring{U}(x_0)$ 内有定义，如果

$$\lim_{\Delta x \to 0}[f(x_0 + \Delta x) - f(x_0)] = 0,$$

则称函数 $y = f(x)$ 在点 x_0 连续，并称 x_0 为 $f(x)$ 的连续点.

设 $x = x_0 + \Delta x$，则 $\Delta x \to 0$ 时，$x \to x_0$，此时

$$\lim_{\Delta x \to 0} \Delta y = 0 \Leftrightarrow \lim_{x \to x_0}[f(x) - f(x_0)] = 0 \Leftrightarrow \lim_{x \to x_0} f(x) = f(x_0),$$

$$\Delta y = f(x_0 + \Delta x) - f(x_0) = f(x) - f(x_0),$$

$$\lim_{\Delta x \to 0} \Delta y = \lim_{x \to 0}[f(x) - f(x_0)] = \lim_{x \to 0} f(x) - f(x_0) = 0,$$

即

$$\lim_{x \to x_0} f(x) = f(x_0).$$

因此函数 $y = f(x)$ 在点 x_0 处连续的定义可等价叙述为定义 1.14′.

📢 定义 1.14′　设函数 $y = f(x)$ 在 $\mathring{U}(x_0)$ 内有定义，如果 $\lim_{x \to x_0} f(x) = f(x_0)$，则称函数 $y = f(x)$ 在点 x_0 处连续.

如果只考虑单侧极限，则当 $\lim_{x \to x_0^-} f(x) = f(x_0)$ 时，称 $f(x)$ 在点 x_0 处左连续；当 $\lim_{x \to x_0^+} f(x) = f(x_0)$ 时，称 $f(x)$ 在点 x_0 处右连续. 显然，函数 $f(x)$ 在点 x_0 连续的充要条件是函数 $f(x)$ 在点 x_0 既左连续又右连续.

📢 定义 1.15　如果函数 $y = f(x)$ 在 (a,b) 内每一点都连续，则称函数 $f(x)$ 在 (a,b) 内连续；如果 $f(x)$ 在 (a,b) 内连续，且在 a 点右连续，b 点左连续，则称 $f(x)$ 在 $[a,b]$ 上连续.

连续函数的图形是一条连续而不间断的曲线.

1.8.2　函数的间断点及其分类

如果函数$y = f(x)$在点x_0处有下列三种情形之一，则$f(x)$在x_0处不连续，称x_0为间断点.

（1）$f(x)$在$x = x_0$没有定义；

（2）$\lim\limits_{x \to x_0} f(x)$不存在；

（3）虽然$\lim\limits_{x \to x_0} f(x)$存在，也在$x_0$点有定义，但$\lim\limits_{x \to x_0} f(x) \neq f(x_0)$.

下面举例说明函数间断点的几种类型.

例 1.38　函数$f(x) = \dfrac{x^2 - 1}{x - 1}$在$x = 1$处无定义，点$x = 1$为$f(x)$的间断点. 但

$$\lim_{x \to 1} \frac{x^2 - 1}{x - 1} = 2.$$

如果补充定义$f(1) = 2$，即

$$f(x) = \begin{cases} \dfrac{x^2 - 1}{x - 1}, & x \neq 1, \\ 2, & x = 1. \end{cases}$$

则$f(x)$在$x = 1$处连续（图 1.42）.

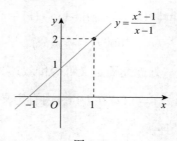

图 1.42

为此把$x = 1$叫作$f(x)$的可去间断点.

例 1.39　设$f(x) = \begin{cases} x, & x \neq 0 \\ 1, & x = 0 \end{cases}$，讨论$f(x)$在$x = 0$处的连续性.

解　函数$f(x)$在$x = 0$有定义，$f(0) = 1$但$\lim\limits_{x \to 0} f(x) = 0 \neq f(0)$. 故$f(x)$在$x = 0$处不连续.

若改变定义$f(0) = \lim\limits_{x \to 0} f(x) = 0$，则使$f(x)$在$x = 0$处连续（图 1.43）.

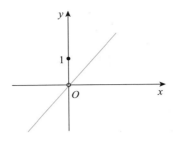

图 1.43

为此把 $x=0$ 称为 $f(x)$ 的可去间断点.

例 1.40 设 $f(x)=\begin{cases} x+1, & x\geq 0 \\ x-1, & x<0 \end{cases}$，讨论 $f(x)$ 在 $x=0$ 处的连续性.

解 $\lim\limits_{x\to 0^-}f(x)=\lim\limits_{x\to 0^-}(x-1)=-1$.

$\lim\limits_{x\to 0^+}f(x)=\lim\limits_{x\to 0^+}(x+1)=2$.

故 $\lim\limits_{x\to 0}f(x)$ 不存在，因此 $f(x)$ 在 $x=0$ 处不连续.

此间断点的特征是左、右极限不相等，从图形来看，在 $x=0$ 处出现跳跃现象（图 1.44），故称 $x=0$ 为 $f(x)$ 的跳跃间断点.

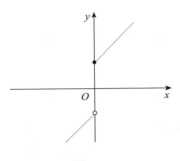

图 1.44

例 1.41 函数 $f(x)=\sin\dfrac{1}{x}$，$x=0$ 是其间断点，且 $x\to 0$ 时，$\lim\limits_{x\to 0}f(x)$ 不存在，$f(x)=\sin\dfrac{1}{x}$ 在 $(-1,1)$ 内无限振荡，故 $x=0$ 为 $f(x)=\sin\dfrac{1}{x}$ 的第二类间断点，也称 $x=0$ 为 $f(x)=\sin\dfrac{1}{x}$ 的振荡间断点.

例 1.42 函数 $f(x)=\tan x$，$x=\dfrac{\pi}{2}$ 是其间断点，且

$$\lim_{x \to \frac{\pi}{2}} \tan x = \infty$$

所以 $x = \dfrac{\pi}{2}$ 是 $f(x) = \tan x$ 的第二类间断点, 也称 $x = \dfrac{\pi}{2}$ 是 $f(x) = \tan x$ 的无穷间断点.

📢 定义 1.16   如果 $f(x)$ 在点 x_0 处的左、右极限至少有一个不存在, 则称点 x_0 为函数 $f(x)$ 的第二类间断点.

显然, 可去间断点及跳跃间断点均为第一类间断点, 而振荡间断点与无穷间断点均为第二类间断点.

1.8.3　连续函数的运算法则

1. 连续函数的和、差、积、商的连续性

➡ 定理 1.16   如果 $f(x)$, $g(x)$ 在 x_0 处连续, 则函数 $f(x) \pm g(x)$, $f(x)g(x)$, $\dfrac{f(x)}{g(x)}$ ($g(x) \neq 0$) 也在 x_0 处连续.

例 1.43   因为 $\tan x = \dfrac{\sin x}{\cos x}$, $\cot x = \dfrac{\cos x}{\sin x}$, $\sec x = \dfrac{1}{\cos x}$, $\csc x = \dfrac{1}{\sin x}$, 而 $\sin x$ 和 $\cos x$ 在区间 $(-\infty, +\infty)$ 内连续, 由定理 1.16 知 $\tan x$, $\cot x$, $\sec x$, $\csc x$ 在其定义域内连续.

2. 反函数与复合函数的连续性

➡ 定理 1.17   如果 $y = f(x)$ 在区间 I_x 上单调且连续, 则其反函数 $x = \varphi^{-1}(y)$ 在对应的区间 $I_y = \{y \mid y = f(x), x \in I_x\}$ 上单调且连续.

例 1.44   由于 $y = \sin x$ 在 $\left[-\dfrac{\pi}{2}, \dfrac{\pi}{2}\right]$ 上单调增加且连续, 所以其反函数 $y = \arcsin x$ 在 $[-1, 1]$ 上单调增加且连续.

类似地 $y = \arccos x$, $y = \arctan x$, $y = \operatorname{arccot} x$ 在其定义域内都是连续的.

➡ 定理 1.18   设函数 $y = f[\varphi(x)]$ 由 $y = f(u)$ 及 $u = \varphi(x)$ 复合而成, 若 $\lim\limits_{x \to x_0} \varphi(x) = u_0$, 而函数 $y = f(u)$ 在 $u = u_0$ 处连续, 则 $\lim\limits_{x \to x_0} f[\varphi(x)] = \lim\limits_{u \to u_0} f(u) = f(u_0)$.

由于 $\lim\limits_{x \to x_0} \varphi(x) = u_0$, $y = f(u)$ 在 u_0 处连续, 所以上式可以改写成下面形式:

$$\lim_{x \to x_0} f[\varphi(x)] = f(u_0) = f\left[\lim_{x \to x_0} \varphi(x)\right]$$

这说明在定理 1.18 的条件下, 求 $y = f[\varphi(x)]$ 的极限时, 极限符号和函数符号可以交换计算次序，若将定理 1.18 中 $x \to x_0$ 换成 $x \to \infty$，可得类似结论.

例 1.45 求 $\lim\limits_{x \to 3} \sqrt{\dfrac{x-3}{x^2-9}}$.

解 $\lim\limits_{x \to 3} \sqrt{\dfrac{x-3}{x^2-9}} = \sqrt{\lim\limits_{x \to 3} \dfrac{x-3}{x^2-9}} = \sqrt{\dfrac{1}{6}}$.

➡ **定理 1.19** 设函数 $y = f[g(x)]$ 由函数 $y = f(u)$ 与函数 $u = g(x)$ 复合而成，$\mathring{U}(x_0) \subset D_{f \circ g}$. 若函数 $u = g(x)$ 在点 x_0 连续，函数 $y = f(u)$ 在点 $u_0 = g(x_0)$ 连续，则复合函数 $y = f[g(x)]$ 在点 x_0 也连续.

证明 因为 $g(x)$ 在点 x_0 连续，所以 $\lim\limits_{x \to x_0} g(x) = g(x_0) = u_0$.

又 $y = f(u)$ 在点 $u = u_0$ 连续，所以 $\lim\limits_{x \to x_0} f[g(x)] = f(u_0) = f[g(x_0)]$.

这就证明了复合函数 $f[g(x)]$ 在点 x_0 连续.

1.8.4　初等函数的连续性

利用连续的定义可以证明指数函数 $y = a^x$（$a > 0, a \neq 0$）在其定义域 $(-\infty, +\infty)$ 内单调连续，其值域为 $(0, +\infty)$；因此根据定理 1.17，其反函数——对数函数 $y = \log_a x$ 在其定义域 $(0, +\infty)$ 内连续.

幂函数 $y = x^\alpha$ 可表示为 $y = x^\alpha = e^{\alpha \ln x}$，由定理 1.19 知幂函数在其定义域内连续. 经过以上讨论，可得出如下重要结论：

（1）基本初等函数在其定义域内连续.

（2）初等函数在其定义区间内连续. 所谓定义区间是包含在定义域内的区间.

上述有关初等函数连续性的结论，为我们提供了一个求极限的方法：若 $f(x)$ 是初等函数，而 x_0 是 $f(x)$ 定义区间内的点，则

$$\lim\limits_{x \to x_0} f(x) = f(x_0).$$

例 1.46 求 $\lim\limits_{x \to 0} \dfrac{\log_a(1+x)}{x}$.

解 $\lim\limits_{x \to 0} \dfrac{\log_a(1+x)}{x} = \lim\limits_{x \to 0} \log_a(1+x)^{\frac{1}{x}} = \log_a e = \dfrac{1}{\ln a}$.

例 1.47　求 $\lim\limits_{x\to0}\dfrac{a^x-1}{x}$.

解　令 $a^x-1=t$，则 $x=\log_a(1+t)$，$x\to0$ 时 $t\to0$，于是

$$\lim_{x\to0}\frac{a^x-1}{x}=\lim_{t\to0}\frac{t}{\log_a(1+t)}=\ln a.$$

习题 1.8

1．利用无穷小的等价代换，求下列极限.

（1）$\lim\limits_{x\to0}\dfrac{\sqrt[3]{1+x^2}-1}{\sin^2 x}$；

（2）$\lim\limits_{x\to0}\dfrac{\ln(1+\tan^2 x)}{\ln(1+x^2)}$；

（3）$\lim\limits_{x\to0}\dfrac{(e^{\sin x}-1)^2}{\sqrt{1+x\tan x}-1}$；

（4）$\lim\limits_{x\to0}\dfrac{\tan x-\sin x}{\sin^3 x}$.

2．求下列极限.

（1）$\lim\limits_{x\to0}\ln\dfrac{\sin x}{x}$；

（2）$\lim\limits_{x\to0}\sqrt{x^2-2x+5}$；

（3）$\lim\limits_{x\to1}\dfrac{\sqrt{5x-4}-\sqrt{x}}{x-1}$；

（4）$\lim\limits_{x\to a}\dfrac{\sin x-\sin a}{x-a}$；

（5）$\lim\limits_{x\to+\infty}(\sqrt{x^2+x}-\sqrt{x^2-x})$；

（6）$\lim\limits_{x\to0}(x+e^x)^{\frac{1}{x}}$.

1.9　闭区间上连续函数的性质

前面已经说明了函数在闭区间上连续的概念，而闭区间上的连续函数的许多性质在理论及应用上很有价值．这些性质的几何直观很明显，但其证明却超出本书的讨论范围．本节以定理的形式叙述这些性质，并给出几何解释．

1.9.1　最大值最小值与有界性定理

先说明最大值和最小值的概念.

定义 1.17　设 $f(x)$ 在区间 I 上有定义，如果 $\exists x_0\in I$，使得对 $\forall x\in I$，都有

$$f(x)\leqslant f(x_0)\ \text{或}\ f(x)\geqslant f(x_0),$$

则称 $f(x)$ 在 x_0 处取得最大值（或最小值），$f(x_0)$ 称为 $f(x)$ 在区间 I 上的最大值（或

最小值），x_0 称为 $f(x)$ 在区间 I 上的最大值点（或最小值点）.

➡ 定理 1.20（最大值与最小值定理）　闭区间上的连续函数在该区间上一定能取得最大值和最小值.

定理告诉我们，如果 $f(x)$ 在闭区间 $[a,b]$ 上连续，则至少存在一点 $x_1 \in [a,b]$，使 $f(x_1)$ 是 $f(x)$ 在 $[a,b]$ 上的最大值；又至少存在一点 $x_2 \in [a,b]$，使 $f(x_2)$ 是 $f(x)$ 在 $[a,b]$ 上的最小值（图 1.45）.

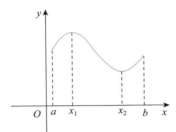

图 1.45

定理 1.20 的两个条件——闭区间 $[a,b]$ 及 $f(x)$ 在闭区间 $[a,b]$ 上连续，缺少一个都可能导致结论不成立. 例如 $y=x$ 在 $(-1,1)$ 内连续，但在 $(-1,1)$ 内没有取得最大值与最小值；又如函数

$$f(x)=\begin{cases}-x+1 & 0\leqslant x<1 \\ 1 & x=1 \\ -x+3 & 1<x\leqslant 2\end{cases}$$

在闭区间 $[0,2]$ 上有间断点 $x=1$，该函数在 $[0,2]$ 上既无最大值又无最小值（图 1.46）.

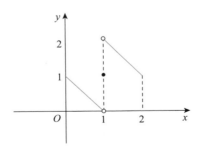

图 1.46

由最大值最小值定理易得如下有界性定理.

推论（有界性定理）　闭区间上的连续函数在该区间上一定有界.

该推论告诉我们，如果函数 $f(x)$ 在闭区间 $[a,b]$ 上连续，那么存在常数 $M>0$，

使得对 $\forall x \in [a, b]$，有 $|f(x)| \leqslant M$.

与定理 1.20 相似，推论的两个条件缺少一个都可能导致结论不成立，请读者自己举例说明.

1.9.2 零点定理与介值定理

如果 x_0 使 $f(x_0) = 0$，则称 x_0 为函数 $f(x)$ 的零点.

➤ 定理 1.21（零点定理） 设 $f(x)$ 在闭区间 $[a, b]$ 上连续，且 $f(a)$ 与 $f(b)$ 异号（即 $f(a)f(b) < 0$），那么在开区间 (a, b) 内至少存在一点 ξ，使

$$f(\xi) = 0.$$

从几何直观上，定理 1.21 表示如果连续曲线 $y = f(x)$ 的两个端点位于 x 轴的上、下两侧，那么该曲线弧与 x 轴至少有一个交点（图 1.47）.

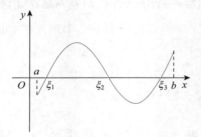

图 1.47

由定理 1.21 立即推得下面更具一般性的定理.

➤ 定理 1.22（介值定理） 设函数 $f(x)$ 在闭区间 $[a, b]$ 上连续，且 $f(a) \neq f(b)$，则对于 $f(a)$ 与 $f(b)$ 之间的任意一个数 C，在 (a, b) 内至少存在一点 ξ，使得

$$f(\xi) = C.$$

证明 设 $\varphi(x) = f(x) - C$，则 $\varphi(x)$ 在 $[a, b]$ 上连续，且 $\varphi(a) = f(a) - C$，$\varphi(b) = f(b) - C$，由条件知 $\varphi(a)$ 与 $\varphi(b)$ 异号，根据零点定理，至少存在一点 $\xi \in (a, b)$，使

$$\varphi(\xi) = 0.$$

又 $\varphi(\xi)=f(\xi)-C$，因此由上式即得

$$f(\xi)=C.$$

从几何直观上，定理 1.22 表明连续曲线弧 $y=f(x)$ 与水平直线 $y=C$（C 介于 $f(a)$ 与 $f(b)$ 之间）至少有一个交点（图 1.48）.

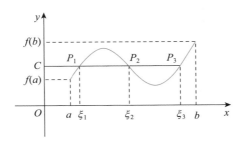

图 1.48

推论 闭区间的连续函数，必取得介于最大值与最小值之间的任何值.

证明 设 $f(x)$ 在闭区间 $[a,b]$ 上连续，且在点 x_1 处取得最大值 M，在点 x_2 处取得最小值 m，则在闭区间 $[x_1,x_2]$（或 $[x_2,x_1]$）上应用介值定理，即得上述推论.

例 1.48 证明方程 $x^3-3x=1$ 在（1,2）之间至少有一个根.

证明 令 $f(x)=x^3-3x-1$，则 $f(x)$ 在 $[1,2]$ 上连续，且

$$f(1)=-3<0,\ f(2)=1>0$$

根据零点定理，在（1,2）内至少有一点 ξ，使

$$f(\xi)=0,$$

即

$$\xi^3-3\xi-1=0.$$

说明方程 $x^3-3x=1$ 在（1,2）之间至少有一个根是 ξ.

习题 1.9

1. 证明方程 $x=a\sin x+b$，其中 $a>0$，$b>0$，至少有一个正根，并且它不超

过 $a+b$.

2. 证明方程 $x = e^x - 2$ 在区间（0,2）内必有实根.

3. 设 $f(x)$ 在 $[a,b]$ 上连续，且没有零点，证明 $f(x)$ 在 $[a,b]$ 上不变号.

4. 设 $f(x)$ 在 $[a,b]$ 上连续，$a < x_1 < x_2 < \cdots < x_n < b$，则在 (x_1, x_n) 内至少有一点 ξ，使 $f(\xi) = \dfrac{f(x_1) + f(x_2) + \cdots + f(x_n)}{n}$.

5. 设 $f(x)$ 在 $[a,b]$ 上连续，且 $f(a) < a$，$f(b) < b$，证明：在 (a,b) 内至少有一点 ξ，使得 $f(\xi) = \xi$.

6. 设 $f(x)$ 在闭区间 $[a,b]$ 上连续，证明：在 (a,b) 内至少存在一点 ξ，使 $pf(c) + qf(d) = (p+q)f(\xi)$（其中 $a < c < d < b$，p、$q > 0$）.

总习题一

1. 在"充分""必要"和"充分必要"中选择一个正确的填入下列空格内.

（1）数列 $\{x_n\}$ 有界是数列 $\{x_n\}$ 收敛的（　　）条件. 数列 $\{x_n\}$ 收敛是数列 $\{x_n\}$ 有界的（　　）条件.

（2）$f(x)$ 当 $x \to x_0$ 时右极限 $f(x_0^+)$ 及左极限 $f(x_0^-)$ 都存在且相等是 $\lim\limits_{x \to x_0} f(x)$ 存在的（　　）条件.

2. 单项选择题.

（1）若 $\lim\limits_{x \to x_0^+} f(x) = \lim\limits_{x \to x_0^-} f(x) = A$，则下列说法中正确的是（　　）.

    A. $f(x_0) = A$ B. $\lim\limits_{x \to x_0} f(x) = A$

    C. $f(x)$ 在 x_0 处有定义   D. $f(x)$ 在 x_0 处连续

（2）若 $\lim\limits_{x \to \infty} \dfrac{bx^2 + 3\sin x^2}{x^2} = 3$，则 $b = $（　　）.

    A. 3   B. 0

    C. 任意实数   D. 1

（3）设 $f(x) = \dfrac{|x-1|}{x-1}$，则 $\lim\limits_{x \to 1} f(x)$ 是（　　）.

    A. 1   B. -1

    C. 不存在   D. 0

（4）下列变量在给定变化过程中（　　）是无穷大.

A. $\dfrac{x^2}{\sqrt{x^5+1}}(x\to+\infty)$　　　B. $e^{\frac{1}{x}}\ (x\to 0)$

C. $\ln x\ (x\to 0^+)$　　　D. $e^{\frac{1}{x}}\ (x\to 0^+)$

（5）$f(x)=\begin{cases}(1+kx)^{\frac{m}{x}}, & x\neq 0\\ a, & x=0\end{cases}$，若 $f(x)$ 在 $x=0$ 连续，则常数 $a=$（　　）.

A. e^m　　　B. e^k

C. e^{-km}　　　D. e^{km}

（6）设 $f(x)=\begin{cases}e^{\frac{1}{x}}, & x<0\\ 1, & x\geq 0\end{cases}$，则 $x=0$ 是 $f(x)$ 的（　　）.

A. 连续点　　　B. 跳跃间断点

C. 可去间断点　　　D. 第二类间断点

（7）当 $x\to 0$ 时，$x-\sin x$ 是 x^2 的（　　）.

A. 低阶无穷小　　　B. 高阶无穷小

C. 等价无穷小　　　D. 同阶但非等价无穷小

（8）函数 $f(x)=\dfrac{x-2}{x^3-x^2-2x}$ 的间断点是（　　）.

A. $x=0, x=-1$　　　B. $x=0, x=2$

C. $x=0, x=-1, x=2$　　　D. $x=-1, x=2$

（9）在给定的变化过程中，（　　）是无穷小.

A. $\dfrac{\sin x}{x}, x\to 0$　　　B. $\dfrac{\cos x}{x}, x\to\infty$

C. $\dfrac{x}{\sin x}, x\to 0$　　　D. $\dfrac{x}{\cos x}, x\to\infty$

（10）设对任意的 x 总有 $\varphi(x)\leq f(x)\leq g(x)$，且 $\lim\limits_{x\to\infty}[g(x)-\varphi(x)]=0$，则 $\lim\limits_{x\to\infty}f(x)$（　　）.

A. 存在且等于零　　　B. 存在但不一定为零

C. 一定不存在　　　D. 不一定存在

3. 求 $f(x)=\begin{cases}2+x, 0<x<3\\ 5, & x\geq 3\end{cases}$ 的极限.

4. 求下列极限.

（1）$\lim\limits_{x\to 2}\dfrac{x^3-8}{x^2-4}$；　　　（2）$\lim\limits_{x\to\infty}\left(\dfrac{x-2}{x+1}\right)^x$；

（3）$\lim\limits_{x\to\infty}x(\sqrt{x^2+1}-x)$；　　（4）$\lim\limits_{x\to1}\left(\dfrac{3}{1-x^3}-\dfrac{1}{1-x}\right)$；

（5）$\lim\limits_{x\to\frac{\pi}{6}}\ln(2\cos3x)$；　　（6）$\lim\limits_{x\to0}\ln\dfrac{\sin x}{x}$.

5. 证明曲线 $y=\sin x+x+1$ 在区间 $\left(-\dfrac{\pi}{2},\dfrac{\pi}{2}\right)$ 内与 x 轴至少有一个交点.

6. 证明方程 $2^x=4x$ 在区间 $(0,0.5)$ 内至少有一个实根.

第 2 章 导数与微分

微分学中最重要的两个概念就是导数与微分. 从本质上看,导数是一类特殊形式的极限,是函数变化率的度量,是刻画函数对于自变量变化快慢程度的数学抽象. 微分则是函数增量的线性主部,它是函数增量的近似表示. 微分与导数密切相关,这两个概念之间存在着等价关系. 导数与微分都有实际背景,都可以给出几何解释,都有广泛的实际应用:在解决几何问题、寻求函数的极值与最值,以及寻求方程的近似根等问题中有重要作用.

在这一章中,我们从实际例子出发引出导数与微分的概念,然后讨论它们的计算方法.

2.1 导数的概念

17 世纪两个迫切需要解决的问题引出了导数与微分的概念,那么我们就从这两个典型例子出发,进入导数的学习.

1. 引例

(1)(瞬时速度)物体自由落体. 运动方程 $s = s(t) = \frac{1}{2}gt^2$,位移单位是 m,时间单位是 s,其中 $g = 9.8\text{m/s}$,问物体在第 2s 时刻的速度是多少?

速度随时间的变化情况见表 2.1.

表 2.1

t	[1.5,2]	[1.99,2]	[1.9999,2]	$\cdots$	2	$\cdots$	[2,2.001]	[2,2.01]	[2,2.5]
Δt	0.5	0.01	0.0001	$\rightarrow$	0	$\leftarrow$	0.001	0.01	0.5
$\bar{v}$	17.51	19.551	19.5995	$\rightarrow$	19.6	$\leftarrow$	19.605	19.649	22.05

由表 2-1 所示可知,不同时间段的平均速度 $\bar{v}$ 不同,当时间段 Δt 很小时,平均

速度 $\bar{v}$ 将接近于某个确定的常数——19.6，因此 19.6 可理解为物体在第 2s 时刻的瞬时速度．

这里体现了一个极限的思想，即在 $t = 2s$ 这一时刻的瞬间速度 $v(2)$ 等于物体在 $t = 2s$ 到 $t = (2 + \Delta t)$ s 时平均速度的极限值，即

$$v(t) = \lim_{\Delta t \to 0} \bar{v} = \lim_{\Delta t \to 0} \frac{\Delta s}{\Delta t} = \lim_{\Delta t \to 0} \frac{s(2 + \Delta t) - s(2)}{\Delta t} = \lim_{\Delta t \to 0} \frac{1}{2} g(4 + \Delta t) = 2g = 19.6 \text{ m/s}$$

设物体的运动方程是 $s = s(t)$，则物体在 t_0 时刻的瞬间速度 $v(t_0)$ 就等于物体在 t_0 到 Δt 时平均速度的极限值，即

$$v(t_0) = \lim_{\Delta t \to 0} \bar{v} = \lim_{\Delta t \to 0} \frac{\Delta s}{\Delta t} = \lim_{\Delta t \to 0} \frac{s(t_0 + \Delta t) - s(t_0)}{\Delta t}$$

（2）曲线切线的斜率．切线的概念在中学已学过．从几何上看，在某点的切线就是一直线，它在该点和曲线相切．准确地说，曲线在其上某点 PM 的切线是割线 PQ 当 Q 沿该曲线无限地接近于 P 点的极限位置（图 2.1）．

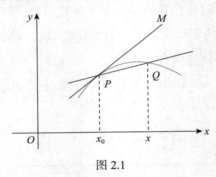

图 2.1

设曲线方程为 $y = f(x)$，设 P 点的坐标为 $P(x_0, y_0)$，动点 Q 的坐标为 $Q(x, y)$，要求出曲线在 P 点的切线，只须求出该切线的斜率 k．由上知，k 恰好为割线 PQ 的斜率的极限．我们不难求得 PQ 的斜率为

$$\frac{f(x) - f(x_0)}{x - x_0}$$

因此，当 $Q \to P$ 时，其极限存在的话，其值就是 k，即

$$k = \lim_{x \to x_0} \frac{f(x) - f(x_0)}{x - x_0}$$

若设 α 为切线的倾角，则有 $k = \tan \alpha$．

2. 导数的定义

◁ 定义 2.1　设函数 $y = f(x)$ 在 x_0 点的某邻域 $\overset{\circ}{U}(x_0)$ 内有定义，当自变量在 x_0 点取得增量 Δx（$\Delta x \neq 0$）时，函数 y 有相应的增量 $\Delta y = f(x_0 + \Delta x) - f(x_0)$．

如果

$$\lim_{\Delta x \to 0} \frac{\Delta y}{\Delta x} = \lim_{\Delta x \to 0} \frac{f(x_0 + \Delta x) - f(x_0)}{\Delta x}$$

存在, 则称函数 $f(x)$ 在 x_0 点可导, x_0 点为 $f(x)$ 的可导点, 并称此极限值为函数 $f(x)$ 在 x_0 点的导数, 记为 $y'|_{x=x_0}$, $f'(x_0)$, $\frac{dy}{dx}\big|_{x=x_0}$ 或 $\frac{df(x)}{dx}\big|_{x=x_0}$, 即

$$\frac{dy}{dx}\Big|_{x=x_0} = \lim_{\Delta x \to 0} \frac{f(x_0 + \Delta x) - f(x_0)}{\Delta x},$$

或

$$f'(x_0) = \lim_{\Delta x \to 0} \frac{f(x_0 + \Delta x) - f(x_0)}{\Delta x}.$$

如果上述极限不存在, 则称函数 $f(x)$ 在 x_0 点不可导. 特别是当上述极限为无穷大时, 此时导数不存在, 但也称函数 $f(x)$ 在 x_0 点处的导数为无穷大.

结合引例可以看出:

（1）导数的物理意义: 如果物体沿直线运动的规律是 $s = s(t)$, 则物体在时刻 t_0 的瞬时速度 $v(t_0)$ 是 $s(t)$ 在 t_0 的导数 $s'(t_0)$.

（2）导数的几何意义: 如果曲线的方程是 $y = f(x)$, 则曲线在点 $P(x_0, y_0)$ 的切线斜率是 $f(x)$ 在 x_0 的导数 $f'(x_0)$. 从而, 曲线在点 $P(x_0, y_0)$ 的切线方程为 $y - y_0 = f'(x_0)(x - x_0)$, 法线方程为 $y - y_0 = -\dfrac{1}{f'(x_0)}(x - x_0)$.

注意: 1) 导数的常见形式还有:

① $f'(x_0) = \lim\limits_{h \to 0} \dfrac{f(x_0 + h) - f(x_0)}{h}$;

② 若记 $x = x_0 + \Delta x$, 则 $f'(x_0) = \lim\limits_{x \to x_0} \dfrac{f(x) - f(x_0)}{x - x_0}$.

2) $\dfrac{\Delta y}{\Delta x}$ 反映的是曲线在 $[x_0, x]$ 上的平均变化率, 而 $f'(x_0) = \dfrac{dy}{dx}\big|_{x=x_0}$ 是在点 x_0 的变化率, 它反映了函数 $y = f(x)$ 随 $x \to x_0$ 而变化的快慢程度.

3) 这里 $\dfrac{dy}{dx}\big|_{x=x_0}$ 与 $\dfrac{df}{dx}\big|_{x=x_0}$ 中的 $\dfrac{dy}{dx}$ 与 $\dfrac{df}{dx}$ 是一个整体记号, 而不能视为分子 dy 或 df 与分母 dx, 待到后面再讨论.

4) 若函数 $f(x)$ 在开区间 I 内的每一点都可导, 则称函数 $f(x)$ 在区间 I 内可导.

若函数 $f(x)$ 在区间 I 内可导, 则对任意的 $x \in I$, 都存在唯一确定的导数值 $f'(x)$ 与之对应, 则称 $f'(x)$ 为函数 $f(x)$ 在区间 I 上的导函数, 也简称为导数, 记为 $f'(x)$,

y'，$\dfrac{\mathrm{d}y}{\mathrm{d}x}$ 或 $\dfrac{\mathrm{d}f(x)}{\mathrm{d}x}$，且有

$$f'(x) = \lim_{\Delta x \to 0} \frac{f(x + \Delta x) - f(x)}{\Delta x}.$$

例 2.1　设 $f(x) = (x - a)g(x)$，其中 $g(x)$ 在 $x = a$ 处连续，求 $f'(a)$.

解　$f'(a) = \lim_{x \to a} \dfrac{f(x) - f(a)}{x - a} = \lim_{x \to a} \dfrac{(x-a)g(x) - 0}{x - a} = g(a)$.

例 2.2　若 $f(x)$ 在 x_0 点可导，试求 $\lim_{h \to 0} \dfrac{f(x_0 + h) - f(x_0 - h)}{h}$.

解　$\displaystyle\lim_{h \to 0} \frac{f(x_0 + h) - f(x_0 - h)}{h} = \lim_{h \to 0}\left[\frac{f(x_0 + h) - f(x_0)}{h} + \frac{f(x_0) - f(x_0 - h)}{h}\right]$

$\displaystyle = \lim_{h \to 0} \frac{f(x_0 + h) - f(x_0)}{h} + \lim_{h \to 0} \frac{f(x_0) - f(x_0 - h)}{h}$

$= f'(x_0) + f'(x_0) = 2f'(x_0)$

3.　左导数与右导数

定义 2.2　设函数 $y = f(x)$ 在 x_0 点的某左邻域 $\overset{\circ}{U}(x_0)$ 内有定义，当自变量在 x_0 处取得增量 Δx（$\Delta x < 0$）时，相应地，函数 y 的增量 $\Delta y = f(x_0 + \Delta x) - f(x_0)$. 如果

$$\lim_{\Delta x \to 0^-} \frac{\Delta y}{\Delta x} = \lim_{\Delta x \to 0^-} \frac{f(x_0 + \Delta x) - f(x_0)}{\Delta x}$$

存在，称极限值为函数 $y = f(x)$ 在 x_0 点的左导数，记作 $f'_-(x_0)$.

类似地可定义右导数，且有

$$f'_+(x_0) = \lim_{\Delta x \to 0^+} \frac{\Delta y}{\Delta x} = \lim_{\Delta x \to 0^+} \frac{f(x_0 + \Delta x) - f(x_0)}{\Delta x}.$$

根据左、右极限与总极限的关系，不难得出下面的定理.

定理 2.1　$y = f(x)$ 在 x_0 点可导的充分必要条件是 $y = f(x)$ 在 x_0 点的左、右导数存在且相等.

例 2.3　研究函数 $f(x) = |x|$ 在点 $x = 0$ 处是否可导.

解　$\Delta y = f(0 + \Delta x) - f(0) = f(\Delta x) = |\Delta x|$

$f'_+(0) = \lim_{\Delta x \to 0^+} \dfrac{\Delta y}{\Delta x} = \lim_{\Delta x \to 0^+} \dfrac{|\Delta x|}{\Delta x} = 1$

$$f'_-(0) = \lim_{\Delta x \to 0^-} \frac{\Delta y}{\Delta x} = \lim_{\Delta x \to 0^-} \frac{|\Delta x|}{\Delta x} = -1$$

因为 $f'_+(0) \neq f'_-(0)$，所以 $f(x) = |x|$ 在点 $x = 0$ 处不可导.

4. 可导与连续

➡ **定理 2.2** 若函数 $y = f(x)$ 在 x_0 点可导，则必然在 x_0 点连续.

注意：可导必然连续，但连续未必可导；如果函数在某一点不连续，则在该点一定不可导；可导是连续的充分条件，而连续则是可导的必要条件.

例 2.4 试证 $(C)' = 0$（C 为常数）.

证明 设 $f(x) = C$，那么

$$(C)' = f'(x) = \lim_{h \to 0} \frac{f(x+h) - f(x)}{h} = \lim_{h \to 0} \frac{C - C}{h} = 0.$$

例 2.5 试证 $(x^n)' = nx^{n-1}$（$n \in \mathbf{N}^+$）.

证明
$$(x^n)' = \lim_{h \to 0} \frac{(x+h)^n - x^n}{h}$$

$$= \lim_{h \to 0} [(x+h)^{n-1} + (x+h)^{n-2}x + \cdots + x^{n-1}] = nx^{n-1}.$$

一般地，$(x^\mu)' = \mu x^{\mu-1}$（μ 为常数）.

例如：$(\sqrt{x})' = (x^{\frac{1}{2}})' = \frac{1}{2} x^{\frac{1}{2}-1} = \frac{1}{2\sqrt{x}}$（$x > 0$）.

$\left(\dfrac{1}{x}\right) = (x^{-1})' = -1 \cdot x^{-1-1} = -\dfrac{1}{x^2}$（$x \neq 0$）.

例 2.6 试证 $(\sin x)' = \cos x$，$(\cos x)' = -\sin x$.

证明
$$(\sin x)' = \lim_{h \to 0} \frac{\sin(x+h) - \sin x}{h} = \lim_{h \to 0} \frac{2 \sin \dfrac{h}{2} \cos \dfrac{2x+h}{2}}{h}$$

$$= \lim_{h \to 0} \frac{\sin \dfrac{h}{2}}{\dfrac{h}{2}} \lim_{h \to 0} \cos \left(x + \frac{h}{2} \right) = \cos x.$$

$$(\cos x)' = \lim_{h \to 0} \frac{\cos(x+h) - \cos x}{h} = \lim_{h \to 0} \frac{-2\sin \dfrac{h}{2} \sin \dfrac{2x+h}{2}}{h}$$

$$= -\lim_{h \to 0} \frac{\sin \dfrac{h}{2}}{\dfrac{h}{2}} \lim_{h \to 0} \sin \left(x + \frac{h}{2} \right) = -\sin x.$$

例 2.7 求 $f(x) = a^x$ ($a > 0, a \neq 1$) 的导数.

解 $f'(x) = \lim_{h \to 0} \dfrac{f(x+h) - f(x)}{h} = \lim_{h \to 0} \dfrac{a^{x+h} - a^x}{h} = a^x \cdot \lim_{h \to 0} \dfrac{a^h - 1}{h}$

$\underline{\underline{\diamond \beta = a^h - 1}} \ a^x \lim_{\beta \to 0} \dfrac{\beta}{\log_a(1+\beta)} = a^x \lim_{\beta \to 0} \dfrac{1}{\log_a(1+\beta)^{\frac{1}{\beta}}} = a^x \cdot \dfrac{1}{\log_a e} = a^x \ln a$

所以 $(a^x)' = a^x \ln a$.

特别地, $(e^x)' = e^x$.

例 2.8 求 $f(x) = \log_a x$ （ $a > 0, a \neq 1$ ）的导数.

解 $f'(x) = \lim_{h \to 0} \dfrac{f(x+h) - f(x)}{h} = \lim_{h \to 0} \dfrac{\log_a(x+h) - \log_a x}{h} = \lim_{h \to 0} \dfrac{\log_a \left(1 + \dfrac{h}{x} \right)}{h}$

$$= \lim_{h \to 0} \frac{1}{x} \cdot \log_a \left(1 + \frac{h}{x} \right)^{\frac{x}{h}} = \frac{1}{x} \log_a e = \frac{1}{x \ln a}.$$

特别地, $(\ln x)' = \dfrac{1}{x}$.

例 2.9 求 $y = \dfrac{1}{x}$ 在 $\left(\dfrac{1}{2}, 2 \right)$ 处的切线方程与法线方程.

解 因 $y' = -\dfrac{1}{x^2}$, 故

切线斜率 $\qquad k_1 = y' \big|_{x = \frac{1}{2}} = -\dfrac{1}{x^2} \Big|_{x = \frac{1}{2}} = -4$,

法线斜率　　　　　　　　$k_2 = -\dfrac{1}{k_1} = \dfrac{1}{4}$，

所以，切线方程为　　　　$y - 2 = -4\left(x - \dfrac{1}{2}\right)$

即　　　　　　　　　　　$4x + y - 4 = 0$；

法线方程为　　　　　　　$y - 2 = \dfrac{1}{4}\left(x - \dfrac{1}{2}\right)$

即　　　　　　　　　　　$2x - 8y + 15 = 0$.

例 2.10　讨论函数 $f(x) = \begin{cases} x^2 + x, & x \leqslant 1 \\ 2x^3, & x > 1 \end{cases}$ 在 $x = 1$ 处的连续性与可导性.

解　（1）因 $\lim\limits_{x \to 1^-} f(x) = \lim\limits_{x \to 1^-}(x^2 + x) = 2 = f(1)$，

　　　　$\lim\limits_{x \to 1^+} f(x) = \lim\limits_{x \to 1^+} 2x^3 = 2 = f(1)$，

由于 $\lim\limits_{x \to 1} f(x) = f(1)$，故 $f(x)$ 在 $x = 1$ 处连续.

（2）因 $f'_-(1) = \lim\limits_{x \to 1^-} \dfrac{f(x) - f(1)}{x - 1} = \lim\limits_{x \to 1^-} \dfrac{(x^2 + x) - 2}{x - 1} = \lim\limits_{x \to 1^-}(x + 2) = 3$，

　　$f'_+(1) = \lim\limits_{x \to 1^+} \dfrac{f(x) - f(1)}{x - 1} = \lim\limits_{x \to 1^+} \dfrac{2x^3 - 2}{x - 1} = \lim\limits_{x \to 1^+} 2(x^2 + x + 1) = 6$，

由于 $f'_-(1) \neq f'_+(1)$，故 $f(x)$ 在 $x = 1$ 处不可导.

习题 2.1

1. 选择题.

（1）函数 $f(x)$ 在点 x_0 的导数 $f'(x_0)$ 定义为（　　　）.

　　A. $\dfrac{f(x_0 + \Delta x) - f(x_0)}{\Delta x}$　　　　　　B. $\lim\limits_{x \to x_0} \dfrac{f(x_0 + \Delta x) - f(x_0)}{\Delta x}$

　　C. $\lim\limits_{x \to x_0} \dfrac{f(x) - f(x_0)}{\Delta x}$　　　　　　D. $\lim\limits_{x \to x_0} \dfrac{f(x) - f(x_0)}{x - x_0}$

（2）函数 $y=f(x)$ 在点 x 处的导数应记为（　　）.

    A. $\left.\dfrac{\mathrm{d}y}{\mathrm{d}x}\right|_{x=x_0}$ B. $f'(x_0)$

    C. $\left.f'(x)\right|_{x=x_0}$ D. $f'(x)$

（3）若函数 $y=f(x)$ 在点 x_0 处的导数 $f'(x_0)=0$，则曲线 $y=f(x)$ 在点 $(x_0,f(x_0))$ 处的法线（　　）.

    A. 与 x 轴平行   B. 与 x 轴垂直

    C. 与 y 轴垂直   D. 与 y 轴既不平行也不垂直

（4）函数 $y=f(x)$ 在 x_0 连续（　　）.

    A. 则必在 x_0 可导

    B. 是 $f(x)$ 在 x_0 可导的必要条件

    C. 是 $f(x)$ 在 x_0 可导的充要条件

    D. 是 $f(x)$ 在 x_0 可导的充分条件

2. 填空题.

（1）$\lim\limits_{\Delta x\to 0}\dfrac{f(x_0+\Delta x)-f(x_0-2\Delta x)}{2\Delta x}=$（　　）.

（2）函数 $y=\mathrm{e}^{|x|}$ 在点 $x=0$ 处的导数为（　　）.

（3）设 $f(x)$ 在 $x=0$ 处可导，若 $\lim\limits_{x\to 0}\dfrac{f(x)}{x}$ 存在，则 $\lim\limits_{x\to 0}\dfrac{f(x)}{x}=$（　　）.

3. 解答题.

（1）设 $f(x)$ 在 $x=1$ 处连续，且 $\lim\limits_{x\to 1}\dfrac{f(x)}{x-1}=2$，求 $f'(1)$.

（2）用导数定义求 $f(x)=\begin{cases} x, & x<0 \\ \ln(1+x), & x\geqslant 0 \end{cases}$ 在点 $x=0$ 处的导数.

（3）设 $f(x)=\begin{cases} \ln(1+x), & -1<x\leqslant 0 \\ \sqrt{1+x}-\sqrt{1-x}, & 0<x<1 \end{cases}$，讨论 $f(x)$ 在 $x=0$ 处的连续性与可导性.

（4）函数 $f(x)=\begin{cases} x^2\sin\dfrac{1}{x}, & x\neq 0 \\ 0, & x=0 \end{cases}$ 在点 $x=0$ 处是否连续？是否可导？

（5）求 $x^2+y^2=1$ 在 $\left(\dfrac{\sqrt{2}}{2},\dfrac{\sqrt{2}}{2}\right)$ 处的切线方程与法线方程.

2.2　函数的求导法则

在导数的定义中，我们不仅阐明了导数概念的实质，也给出了根据定义求函数的导数的方法，但是，直接按定义求它们的导数会很烦琐，因此本节将建立求导数运算的基本公式和法则，以简化求导的过程.

1. 函数的和、差、积、商的求导法则

➡ 定理 2.3　若函数 $y_1 = u(x)$，$y_2 = v(x)$ 在 x 处可导，函数 $y = u(x) \pm v(x)$ 也在 x 处可导，且 $y' = u'(x) \pm v'(x)$.

证明　设 $y = u(x) \pm v(x)$

（1）求函数 y 的增量：给 x 以增量 Δx，函数 $u(x)$ 与 $v(x)$ 有相应的增量 Δu 与 Δv，从而 y 有增量

$$\Delta y = [u(x + \Delta x) \pm v(x + \Delta x)] - [u(x) \pm v(x)]$$
$$= [u(x + \Delta x) - u(x)] \pm [v(x + \Delta x) - v(x)]$$
$$= \Delta u \pm \Delta v$$

（2）算比值：$\dfrac{\Delta y}{\Delta x} = \dfrac{\Delta u}{\Delta x} \pm \dfrac{\Delta v}{\Delta x}$

（3）取极限：

$$y' = \lim_{\Delta x \to 0} \frac{\Delta y}{\Delta x} = \lim_{\Delta x \to 0} \left(\frac{\Delta u}{\Delta x} \pm \frac{\Delta v}{\Delta x} \right) = \lim_{\Delta x \to 0} \frac{\Delta u}{\Delta x} \pm \lim_{\Delta x \to 0} \frac{\Delta v}{\Delta x} = u'(x) \pm v'(x)$$

该公式可推广到有限个可导函数，即

$$[u_1(x) \pm u_2(x) \pm \cdots \pm u_n(x)]' = u_1'(x) \pm u_2'(x) \pm \cdots \pm u_n'(x).$$

例 2.11　设 $y = 2x^3 - 5x^2 + 3x - 7$，求 y'.

解　$y' = (2x^3 - 5x^2 + 3x - 7)' = 2(x^3)' - 5(x^2)' + 3(x)' - (7)'$

$= 2 \times 3x^2 - 5 \times 2x + 3 - 0 = 6x^2 - 10x + 3$.

例 2.12　求函数 $y = \sqrt{x} + \sin x + 5$ 的导数.

解　$y' = (\sqrt{x} + \sin x + 5)' = (\sqrt{x})' + (\sin x)' + (5)' = \dfrac{1}{2\sqrt{x}} + \cos x$.

➡ 定理 2.4 若函数 $u(x)$ 与 $v(x)$ 在 x 处可导，则函数 $u(x)v(x)$ 在 x 处可导，且 $(uv)' = u'v + uv'$.

证明 令 $y = u(x)\ v(x)$

$$y' = \lim_{\Delta x \to 0} \frac{\Delta y}{\Delta x} = \lim_{\Delta x \to 0} \frac{u(x + \Delta x)v(x + \Delta x) - u(x)v(x)}{\Delta x}$$

$$= \lim_{\Delta x \to 0} \left[\frac{u(x + \Delta x)v(x + \Delta x) - u(x)v(x + \Delta x)}{\Delta x} + \frac{u(x)v(x + \Delta x) - u(x)v(x)}{\Delta x} \right]$$

$$= \lim_{\Delta x \to 0} \left[\frac{\Delta u}{\Delta x} v(x + \Delta x) + \frac{\Delta v}{\Delta x} u(x) \right] = u'v + uv'$$

即 $$(uv)' = u'v + uv'$$

该公式可推广到有限个可导函数的乘积．例如

$$(uvw)' = u'vw + uv'w + uvw'.$$

推论 $(cu)' = cu'$（c 为常数）

例 2.13 求函数 $y = \sqrt{x} \sin x$ 的导数.

解 $y' = (\sqrt{x} \sin x)' = \sqrt{x}(\sin x)' + \sin x (\sqrt{x})'$

$$= \sqrt{x} \cos x + \sin x \cdot \frac{1}{2\sqrt{x}} = \sqrt{x} \cos x + \frac{\sin x}{2\sqrt{x}}.$$

例 2.14 设 $y = x \ln x$，求 y'.

解 $y' = (x)' \ln x + x(\ln x)' = \ln x + x \cdot \frac{1}{x} = \ln x + 1.$

例 2.15 设 $y = e^x(\sin x + \cos x)$，求 y'.

解 $y' = (e^x)'(\sin x + \cos x) + e^x(\sin x + \cos x)'$

$$= e^x(\sin x + \cos x) + e^x(\cos x - \sin x) = 2e^x \cos x.$$

➡ 定理 2.5 函数 $u(x)$ 与 $v(x)$ 在 x 处可导，且 $v(x) \neq 0$，则函数 $\dfrac{u(x)}{v(x)}$ 也在 x 可导，且 $\left(\dfrac{u}{v}\right)' = \dfrac{u'v - uv'}{v^2}$.

证明 先证 $\left[\dfrac{1}{v(x)}\right]' = -\dfrac{v'(x)}{v^2(x)}$. 令 $y = \dfrac{1}{v(x)}$ ，则

$$\Delta y = \frac{1}{v(x+\Delta x)} - \frac{1}{v(x)} = -\frac{v(x+\Delta x) - v(x)}{v(x+\Delta x)v(x)}.$$

由于 $v(x)$ 在 x 可导， $\lim\limits_{\Delta x \to 0} v(x+\Delta x) = v(x) \neq 0$ ，故有 $\lim\limits_{\Delta x \to 0} \dfrac{\Delta y}{\Delta x} = -\dfrac{v'(x)}{v^2(x)}$.

所以 $y = \dfrac{1}{v(x)}$ 在 x 可导，且 $\left[\dfrac{1}{v(x)}\right]' = -\dfrac{v'(x)}{v^2(x)}$. 从而推出

$$\left[\frac{u(x)}{v(x)}\right]' = u'(x)\frac{1}{v(x)} + u(x)\left[\frac{1}{v(x)}\right]'$$

$$= u'(x)\frac{1}{v(x)} - u(x)\frac{v'(x)}{v^2(x)} = \frac{u'(x)v(x) - u(x)v'(x)}{v^2(x)}.$$

所以

$$\left(\frac{u}{v}\right)' = \frac{u'v - uv'}{v^2}$$

特别地， $\left(\dfrac{1}{v(x)}\right)' = -\dfrac{v'(x)}{v^2(x)}$.

例 2.16 求 $y = \tan x$ 的导数.

解 $y' = (\tan x)' = \left(\dfrac{\sin x}{\cos x}\right)'$

$$= \frac{(\sin x)'\cos x - \sin x(\cos x)'}{\cos^2 x}$$

$$= \frac{\cos^2 x + \sin^2 x}{\cos^2 x}$$

$$= \frac{1}{\cos^2 x}$$

$$= \sec^2 x$$

同理可得 $(\cot x)' = -\csc^2 x$

例 2.17 求 $y = \sec x$ 的导数.

解 $y' = (\sec x)' = \left(\dfrac{1}{\cos x}\right)' = -\dfrac{(\cos x)'}{\cos^2 x} = -\dfrac{-\sin x}{\cos^2 x} = \sec x \tan x$

即 $(\sec x)' = \sec x \tan x$

同理可得 $(\csc x)' = -\csc x \cot x$

2. 反函数的求导法则

→ 定理 2.6 若函数 $x = \varphi(y)$ 在区间 (a, b) 内单调连续，且 $\varphi'(y) \neq 0$，则它的反函数 $y = f(x)$ 在相应区间内可导，且 $f'(x) = \dfrac{1}{\varphi'(y)}$ 或 $\dfrac{\mathrm{d}y}{\mathrm{d}x} = \dfrac{1}{\dfrac{\mathrm{d}x}{\mathrm{d}y}}$.

证明 由于函数 $x = \varphi(y)$ 在区间 (a, b) 内单调连续，所以它的反函数在相应区间内也单调连续（对称性），给 x 以增量 $\Delta x \neq 0$，从 $y = f(x)$ 的单调性可知

$$\Delta y = f(x + \Delta x) - f(x) \neq 0$$

因而有 $\dfrac{\Delta y}{\Delta x} = \dfrac{1}{\dfrac{\Delta x}{\Delta y}}$

根据 $y = f(x)$ 的连续性，当 $\Delta x \to 0$ 时，必有 $\Delta y \to 0$，而 $x = \varphi(y)$ 可导，所以

$$\lim_{\Delta x \to 0} \frac{\Delta x}{\Delta y} = \varphi'(y) \neq 0$$

从而有 $\displaystyle\lim_{\Delta x \to 0} \frac{\Delta y}{\Delta x} = \lim_{\Delta x \to 0} \frac{1}{\dfrac{\Delta x}{\Delta y}} = \frac{1}{\varphi'(y)}$

故 $f'(x) = \dfrac{1}{\varphi'(y)}$

例 2.18 求 $y = \arcsin x$ （$-1 < x < 1$）的导数.

解 由于 $y = \arcsin x$ （$-1 < x < 1$）

则 $x = \sin y \left(-\dfrac{\pi}{2} < y < \dfrac{\pi}{2}\right)$

所以 $\quad (\arcsin x)' = \dfrac{1}{(\sin y)'} = \dfrac{1}{\cos y} = \dfrac{1}{\sqrt{1-\sin^2 y}} = \dfrac{1}{\sqrt{1-x^2}}$

即 $\quad (\arcsin x)' = \dfrac{1}{\sqrt{1-x^2}}$

同理可得 $\quad (\arccos x)' = -\dfrac{1}{\sqrt{1-x^2}}$

例 2.19 求函数 $y = \arctan x$ 的导数.

解 由于 $\quad y = \arctan x \quad (-\infty < x < +\infty)$

则 $\quad x = \tan y$

所以 $\quad (\arctan x)' = \dfrac{1}{(\tan y)'} = \dfrac{1}{\sec^2 y} = \dfrac{1}{1+\tan^2 y} = \dfrac{1}{1+x^2}$

即 $\quad (\arctan x)' = \dfrac{1}{1+x^2}$

同理可得 $\quad (\operatorname{arc\,cot} x)' = -\dfrac{1}{1+x^2}$

在上一节中我们已经求出了指数函数的导数,现在我们用反函数的求导法也可以求指数函数的导数.

例 2.20 求函数 $y = a^x$ 的导数.

解 由于 $\quad y = a^x$

则 $\quad x = \log_a y$

所以 $\quad (a^x)' = \dfrac{1}{(\log_a y)'} = \dfrac{1}{\dfrac{1}{y\ln a}} = y\ln a = a^x \ln a$

即 $\quad (a^x)' = a^x \ln a$

3. 复合函数求导法则

设函数 $y = f[\varphi(x)]$ 可以由 $y = f(u)$ 与 $u = \varphi(x)$ 复合而成,如果 $u = \varphi(x)$ 在 x 可导,而 $y = f(u)$ 在对应的 $u = \varphi(x)$ 可导,则函数 $y = f[\varphi(x)]$ 在 x 可导,且有 $[f(\varphi(x))]' = f'(u) \cdot \varphi'(x)$.

证明 已知 $y=f(u)$ 在 u 可导且 $u=\varphi(x)$ 在 x 可导，即

$$\frac{\mathrm{d}u}{\mathrm{d}x}=\lim_{\Delta x\to 0}\frac{\Delta u}{\Delta x},\quad \frac{\mathrm{d}y}{\mathrm{d}u}=\lim_{\Delta u\to 0}\frac{\Delta y}{\Delta u}$$

从而可知

$$\frac{\mathrm{d}y}{\mathrm{d}x}=\lim_{\Delta x\to 0}\frac{\Delta y}{\Delta x}=\lim_{\Delta x\to 0}\left(\frac{\Delta y}{\Delta u}\cdot\frac{\Delta u}{\Delta x}\right)$$

$$=\lim_{\Delta x\to 0}\frac{\Delta y}{\Delta u}\cdot\lim_{\Delta x\to 0}\frac{\Delta u}{\Delta x}=\frac{\mathrm{d}y}{\mathrm{d}u}\cdot\frac{\mathrm{d}u}{\mathrm{d}x}$$

即

$$[f(\varphi(x))]'=f'(u)\cdot\varphi'(x)$$

复合函数求导法则可简单记为

$$\frac{\mathrm{d}y}{\mathrm{d}x}=\frac{\mathrm{d}y}{\mathrm{d}u}\cdot\frac{\mathrm{d}u}{\mathrm{d}x} \text{ 或 } y'_x=y'_u\cdot u'_x=f'(u)\cdot\varphi'(x)$$

以上公式通常称为复合函数导数的链式法则，它可以推广到任意有限个可导函数的复合函数. 例如，设 $y=f(u)$，$u=\varphi(v)$，$v=\psi(x)$ 均为相应区间内的可导函数，且可以复合成函数 $y=f\{\varphi[\psi(x)]\}$，则 $y=f\{\varphi[\psi(x)]\}$ 可导，且有

$$\frac{\mathrm{d}y}{\mathrm{d}x}=\frac{\mathrm{d}y}{\mathrm{d}u}\cdot\frac{\mathrm{d}u}{\mathrm{d}v}\cdot\frac{\mathrm{d}v}{\mathrm{d}x}.$$

例 2.21 设 $y=\ln\sin x$，求 $\frac{\mathrm{d}y}{\mathrm{d}x}$.

解 分析函数结构：令 $y=\ln u$，$u=\sin x$，由复合函数链式求导法则，有

$$y'_x=y'_u\cdot u'_x=(\ln u)'_u\cdot(\sin x)'_x=\frac{1}{u}\cdot\cos x=\frac{\cos x}{\sin x}$$

即

$$y'_x=\cot x.$$

例 2.22 $y=\mathrm{e}^{x^3}$，求 $\frac{\mathrm{d}y}{\mathrm{d}x}$.

解 函数 $y=\mathrm{e}^{x^3}$ 可看作由 $y=\mathrm{e}^u$，$u=x^3$ 复合而成，因此

$$\frac{\mathrm{d}y}{\mathrm{d}x}=\frac{\mathrm{d}y}{\mathrm{d}u}\cdot\frac{\mathrm{d}u}{\mathrm{d}x}=\mathrm{e}^u\cdot 3x^2=3x^2\mathrm{e}^{x^3}.$$

当我们熟练掌握链式法则时，可不写出中间变量直接求复合函数的导数.

例 2.23 函数 $y=\sqrt[3]{1-2x^2}$，求 $\frac{\mathrm{d}y}{\mathrm{d}x}$.

解　$\dfrac{dy}{dx}=[(1-2x^2)^{\frac13}]'=\dfrac13(1-2x^2)^{-\frac23}\cdot(1-2x^2)'=\dfrac{-4x}{3\sqrt[3]{(1-2x^2)^2}}$.

例 2.24　求函数 $y=e^{\sin\frac1x}$ 的导数.

解　$y'=e^{\sin\frac1x}\left(\sin\dfrac1x\right)'=e^{\sin\frac1x}\cdot\cos\dfrac1x\cdot\left(\dfrac1x\right)'=-\dfrac{1}{x^2}e^{\sin\frac1x}\cdot\cos\dfrac1x$.

例 2.25　已知 $f(u)$ 可导，求函数 $y=f(\sec x)$ 的导数.

解　$y'=[f(\sec x)]'=f'(\sec x)\cdot(\sec x)'=f'(\sec x)\cdot\sec x\cdot\tan x$.

注意：求此类含抽象函数的导数时，应特别注意记号表示的真实含义，此例中，$f'(\sec x)$ 表示对 $\sec x$ 求导，而 $[f(\sec x)]'$ 表示对 x 求导.

例 2.26　求导数 $y=f(\tan x)+\tan[f(x)]$ 且 $f(x)$ 可导.

解　$y'=\sec^2 xf'(\tan x)+\sec^2[f(x)]\cdot f'(x)$.

例 2.27　求函数 $f(x)=\begin{cases}2x,&0<x\leqslant1\\x^2+1,&1<x<2\end{cases}$ 的导数.

解　求分段函数的导数时，在每一段内的导数可按一般求导法则求之，但在分段点处的导数要用左右导数的定义求之.

当 $0<x<1$ 时，$f'(x)=(2x)'=2$ ；当 $1<x<2$ 时，$f'(x)=(x^2+1)'=2x$ ；

当 $x=1$ 时，$f'_-(1)=\lim\limits_{x\to1^-}\dfrac{f(x)-f(1)}{x-1}=\lim\limits_{x\to1^-}\dfrac{2x-2}{x-1}=2$

$f'_+(1)=\lim\limits_{x\to1^+}\dfrac{f(x)-f(1)}{x-1}=\lim\limits_{x\to1^+}\dfrac{x^2+1-2}{x-1}=\lim\limits_{x\to1^+}\dfrac{x^2-1}{x-1}=\lim\limits_{x\to1^+}(x+1)=2$

由 $f'_+(1)=f'_-(1)=2$ 知，$f'(1)=2$. 所以 $f'(x)=\begin{cases}2,&0<x\leqslant1\\2x,&1<x<2\end{cases}$.

例 2.28　设 $f(x)=\begin{cases}x,&x<0\\\ln(1+x),&x\geqslant0\end{cases}$ ，求 $f'(x)$.

解　当 $x<0$ 时，$f'(x)=1$ ；当 $x>0$ 时，$f'(x)=[\ln(1+x)]'=\dfrac{1}{1+x}\cdot(1+x)'=\dfrac{1}{1+x}$ ；

当 $x=0$ 时，$f'_-(0) = \lim\limits_{h \to 0^-} \dfrac{f(0+h)-f(0)}{h} = \lim\limits_{h \to 0^-} \dfrac{0+h-0}{h} = 1$，

$f'_+(0) = \lim\limits_{h \to 0^+} \dfrac{f(0+h)-f(0)}{h} = \lim\limits_{h \to 0^+} \dfrac{\ln[1+(0+h)] - \ln(1+0)}{h} = 1$，

即 $f'(0) = 1$. 所以 $f'(x) = \begin{cases} 1, & x \leqslant 0 \\ \dfrac{1}{1+x}, & x > 0 \end{cases}$.

4. 求导公式和法则

（1）基本初等函数的导数公式.

1）$(C)' = 0$（C 为常数）

2）$(x^{\mu})' = \mu x^{\mu-1}$（$\mu$ 为任意实数）

3）$(a^x)' = a^x \ln a$（$a>0, a \neq 1$）

4）$(e^x)' = e^x$

5）$(\log_a x)' = \dfrac{1}{x \ln a}$（$a>0, a \neq 1$）

6）$(\ln x)' = \dfrac{1}{x}$

7）$(\sin x)' = \cos x$

8）$(\cos x)' = -\sin x$

9）$(\tan x)' = \sec^2 x = \dfrac{1}{\cos^2 x}$

10）$(\cot x)' = -\csc^2 x = -\dfrac{1}{\sin^2 x}$

11）$(\sec x)' = \sec x \tan x$

12）$(\csc x)' = -\csc x \cot x$

13）$(\arcsin x)' = \dfrac{1}{\sqrt{1-x^2}}$

14）$(\arccos x)' = -\dfrac{1}{\sqrt{1-x^2}}$

15）$(\arctan x)' = \dfrac{1}{1+x^2}$

16）$(\operatorname{arccot} x)' = -\dfrac{1}{1+x^2}$

（2）求导法则.

1）函数和、差、积、商的求导法则.

设 $u = u(x)$，$v = v(x)$ 都可导，则

$(u \pm v)' = u' \pm v'$

$(uv)' = u'v + uv'$

$(cu)' = cu'$

$\left(\dfrac{u}{v}\right)' = \dfrac{u'v - uv'}{v^2}$（$v$ 不等于 0）

2）复合函数的求导法则. 设 $y = f(u)$，$u = \varphi(x)$，则复合函数 $y = f[\varphi(x)]$ 的导函数为

$$y'_x = y'_u u'_x \text{ 或 } \frac{\mathrm{d}y}{\mathrm{d}x} = \frac{\mathrm{d}y}{\mathrm{d}u} \frac{\mathrm{d}u}{\mathrm{d}x}$$

3）反函数的求导法则. 设 $y = f(x)$ 是 $x = \varphi(y)$ 的反函数，则

$$\frac{\mathrm{d}y}{\mathrm{d}x} = \frac{1}{\dfrac{\mathrm{d}x}{\mathrm{d}y}} \text{ 或 } f'(x) = \frac{1}{\varphi'(y)}$$

要求熟记这些公式和法则，并且会熟练应用.

5. 高阶导数

前面讲过，若质点的运动方程 $s = s(t)$，则物体的运动速度为 $v(t) = s'(t)$，而加速度 $a(t)$ 是速度 $v(t)$ 对时间 t 的变化率，即 $a(t)$ 是速度 $v(t)$ 对时间 t 的导数：$a(t) = \dfrac{\mathrm{d}v}{\mathrm{d}t}$，从而 $a(t) = \dfrac{\mathrm{d}}{\mathrm{d}t}\left(\dfrac{\mathrm{d}s}{\mathrm{d}t}\right)$ 或 $a(t) = v'(t) = [s'(t)]'$. 由上可见，加速度 $a(t)$ 是 $s(t)$ 的导函数的导数，这样就产生了高阶导数.

定义 2.3 若函数 $y = f(x)$ 的导函数 $f'(x)$ 在 x_0 点可导，就称 $f'(x)$ 在点 x_0 的导数为函数 $y = f(x)$ 在点 x_0 处的二阶导数，记为 $f''(x_0)$，即

$$\lim_{x \to x_0} \frac{f'(x) - f'(x_0)}{x - x_0} = f''(x_0).$$

此时，也称函数 $y = f(x)$ 在点 x_0 处二阶可导.

注意：（1）若 $y = f(x)$ 在区间 I 上的每一点都二次可导，则称 $f(x)$ 在区间 I 上二次可导，并称 $f''(x)$，$x \in I$ 为 $f(x)$ 在 I 上的二阶导函数，简称二阶导数.

（2）仿上定义，由二阶导数 $f''(x)$ 可定义三阶导数 $f'''(x)$，由三阶导数 $f'''(x)$ 可定义四阶导数 $f^{(4)}(x)$，一般地，可由 $n-1$ 阶导数 $f^{(n-1)}(x)$ 定义 n 阶导数 $f^{(n)}(x)$.

（3）二阶以上的导数称为高阶导数，高阶导数与高阶导函数分别记为 $f^{(n)}(x_0)$，$y^{(n)}(x_0)$，$\left.\dfrac{\mathrm{d}^n y}{\mathrm{d}x^n}\right|_{x=x_0}$ 或 $\left.\dfrac{\mathrm{d}^n f}{\mathrm{d}x^n}\right|_{x=x_0}$ 与 $f^{(n)}(x)$，$y^{(n)}(x)$，$\dfrac{\mathrm{d}^n y}{\mathrm{d}x^n}$ 或 $\dfrac{\mathrm{d}^n f}{\mathrm{d}x^n}$.

（4）开始所述的加速度就是 s 对 t 的二阶导数，依上记法，可记 $a = \dfrac{\mathrm{d}^2 s}{\mathrm{d}t^2}$ 或 $a = s''(t)$.

（5）未必任何函数的所有高阶导数都存在.

（6）由定义 2.3 不难知道，对 $y = f(x)$，其导数（也称为一阶导数）的导

数为二阶导数,二阶导数的导数为三阶导数,三阶导数的导数为四阶导数,一般地,$n-1$阶导数的导数为n阶导数. 因此,求高阶导数是一个逐次向上求导的过程,无需其他新方法,只用前面的求导方法就可以了.

例 2.29 $y = ax + b$,求y''.

解 $y' = a$, $y'' = 0$.

例 2.30 $s = \sin \omega t$,求s''.

解 $s' = \cos \omega t (\omega t)' = \omega \cos \omega t$, $s'' = -\omega \sin \omega t (\omega t)' = -\omega^2 \sin \omega t$.

例 2.31   设$y = f(e^x)$,f二阶可导,求$\dfrac{d^2 y}{dx^2}$.

解 $y' = e^x f'(e^x)$.

$y'' = e^x f'(e^x) + e^x f''(e^x) \cdot e^x = e^x f'(e^x) + e^{2x} f''(e^x)$.

例 2.32   验证$y = c_1 e^{\lambda x} + c_2 e^{-\lambda x}$满足关系式$y'' - \lambda^2 y = 0$(其中$c_1$,$c_2$为任意常数).

解 $y' = \lambda c_1 e^{\lambda x} - \lambda c_2 e^{-\lambda x}$, $y'' = \lambda^2 c_1 e^{\lambda x} + \lambda^2 c_2 e^{-\lambda x}$

所以$y'' = \lambda^2 (c_1 e^{\lambda x} + c_2 e^{-\lambda x}) = \lambda^2 y$,

即$y'' - \lambda^2 y = 0$.

例 2.33   求$y = e^{ax}$的n阶导数.

解 $y = e^{ax}$, $y' = a e^{ax}$, $y'' = a^2 e^{ax}$, $\cdots$, $y^{(n)} = a^n e^{ax}$.

例 2.34   求$y = \ln(1+x)$的n阶导数.

解 $y' = \dfrac{1}{1+x}$, $y'' = -\dfrac{1}{(1+x)^2}$, $y''' = \dfrac{1 \times 2}{(1+x)^3}$,

$\cdots$

$y^{(n)} = (-1)^{n-1} \dfrac{(n-1)!}{(1+x)^n}$.

例 2.35 求 $y = \sin x$ 的 n 阶导数.

解 $y' = \cos x = \sin\left(x + \dfrac{\pi}{2}\right)$,

$$y'' = \cos\left(x + \dfrac{\pi}{2}\right) = \sin\left(x + 2 \cdot \dfrac{\pi}{2}\right),$$

...

$$y^{(n)} = \sin\left(x + n \cdot \dfrac{\pi}{2}\right).$$

即 $(\sin x)^{(n)} = \sin\left(x + n \cdot \dfrac{\pi}{2}\right)$.

同理, $(\cos x)^{(n)} = \cos\left(x + n \cdot \dfrac{\pi}{2}\right)$.

例 2.36 设 $y = x^{\mu}$, μ 为任意常数, 求各阶导数.

解 $y = x^{\mu}$, $y' = \mu x^{\mu-1}$, $y'' = \mu(\mu-1)x^{\mu-2}$, $y''' = \mu(\mu-1)(\mu-2)x^{\mu-3}$,

$$y^{(4)} = \mu(\mu-1)(\mu-2)(\mu-3)x^{\mu-4}.$$

一般地, $\qquad y^{(n)} = \mu(\mu-1)(\mu-2)\cdots(\mu-n+1)x^{\mu-n}$,

即 $\qquad (x^{\mu})^{(n)} = \mu(\mu-1)(\mu-2)\cdots(\mu-n+1)x^{\mu-n}$.

特别地, 当 $\mu = k$ 为正整数时,

（1） $n < k$ 时, $(x^k)^{(n)} = k(k-1)(k-2)\cdots(k-n+1)x^{k-n}$;

（2） $n = k$ 时, $(x^k)^{(k)} = k!\,(= n!)$;

（3） $n > k$ 时, $(x^k)^{(n)} = 0$.

需要注意的是, 当 μ 为正整数时, 必存在一自然数 k, 使得当 $n > k$,

$(x^{\mu})^{(n)}$ 在 $x = 0$ 处不存在.

例如：$y = x^{\frac{3}{2}}$, $y' = \dfrac{3}{2}x^{\frac{1}{2}}$, $y'' = \dfrac{3}{2} \cdot \dfrac{1}{2}x^{-\frac{1}{2}}$. 然而, $x^{-\frac{1}{2}}$ 在 $x = 0$ 处时无意义,

即 $y' = \dfrac{3}{2}x^{\frac{1}{2}}$ 在 $x = 0$ 处无导数，或 y'' 在 $x = 0$ 处不存在.

例 2.37 设 $y = \mathrm{e}^x \cos x$，求 y'''.

解 $y' = \mathrm{e}^x \cos x + \mathrm{e}^x(-\sin x) = \mathrm{e}^x(\cos x - \sin x)$，

$y'' = \mathrm{e}^x(\cos x - \sin x) + \mathrm{e}^x(-\sin x - \cos x) = \mathrm{e}^x(-2\sin x)$，

$y''' = -2(\mathrm{e}^x \sin x + \mathrm{e}^x \cos x) = -2\mathrm{e}^x(\sin x + \cos x)$.

6. 高阶导数的运算法则

（1）$[u(x) \pm v(x)]^{(n)} = u^{(n)}(x) \pm v^{(n)}(x)$.

（2）莱布尼茨公式：

$[u(x)v(x)]^{(n)} = u^{(n)}v^{(0)} + \mathrm{C}_n^1 u^{(n-1)}v' + \mathrm{C}_n^2 u^{(n-2)}v'' + \cdots + \mathrm{C}_n^k u^{(n-k)}v^{(k)} + \cdots + u^{(0)}v^{(n)}$.
其中 $u^{(0)} = u$，$v^{(0)} = v$，即

$$[u(x)v(x)]^{(n)} = \sum_{k=0}^{n} \mathrm{C}_n^k u^{(k)}(x) v^{(n-k)}(x).$$

例 2.38 在例 2.37 中，求 $y^{(5)}$.

解 $y^{(5)} = (\mathrm{e}^x \cos x)^{(5)} = (\mathrm{e}^x)^{(5)} \cdot \cos x + \mathrm{C}_5^1(\mathrm{e}^x)^{(4)}(\cos x)' + \mathrm{C}_5^2(\mathrm{e}^x)'''(\cos x)''$

$\qquad + \mathrm{C}_5^3(\mathrm{e}^x)''(\cos x)''' + \mathrm{C}_5^4(\mathrm{e}^x)'(\cos x)^{(4)} + \mathrm{e}^x(\cos x)^{(5)}$

$\quad = \mathrm{e}^x \cos x + 5\mathrm{e}^x(-\sin x) + 10\mathrm{e}^x(-\cos x) + 10\mathrm{e}^x \sin x + 5\mathrm{e}^x \cos x$

$\qquad + \mathrm{e}^x(-\sin x)$

$\quad = \mathrm{e}^x(\cos x - 5\sin x - 10\cos x + 10\sin x + 5\cos x - \sin x)$

$\quad = \mathrm{e}^x(4\sin x - 4\cos x)$

$\quad = 4\mathrm{e}^x(\sin x - \cos x)$.

例 2.39 设 $y = x^3 \mathrm{e}^{2x}$，求 $y^{(n)}$（n 正整数）.

解 用莱布尼茨公式

$$y^{(n)} = \sum_{k=0}^{n} C_n^k (x^3)^{(k)} (e^{2x})^{(n-k)}$$

$$= x^3 (e^{2x})^{(n)} + 3nx^2 (e^{2x})^{(n-1)} + \frac{n(n-1)}{2} 6x (e^{2x})^{(n-2)}$$

$$+ \frac{n(n-1)(n-2)}{6} \cdot 6 \cdot (e^{2x})^{(n-3)}$$

$$= 2^{n-3} e^{2x} [8x^3 + 12nx^2 + 6n(n-1)x + n(n-1)(n-2)]$$

7. 经济学中的导数

（1）边际分析.

1）边际.

如果一个经济指标 y 是另一个经济指标 x 的函数 $y = f(x)$，那么当自变量有改变量 Δx 时，对应有函数的改变量 Δy. 在经济学中，当自变量在 x 处有一个单位改变量时，所对应的函数改变量为该函数所表示的经济指标在 x 处的边际量. 例如，当生产量在 x 单位水平时的边际成本就是在已生产 x 单位产品水平上，再多生产一个单位产品时总成本的改变量，或者可以说是再多生产一个单位产品所花费的成本.

设 x 的改变量为 Δx 时，经济变量 y 的改变量为 $\Delta y = f(x + \Delta x) - f(x)$，则相应于 Δx，y 的平均变化率是

$$\frac{\Delta y}{\Delta x} = \frac{f(x + \Delta x) - f(x)}{\Delta x}.$$

由边际的概念，在上式中取 $\Delta x = 1$ 或 $\Delta x = -1$ 就可得到边际量的表达式. 但边际概念的定义和计算使我们想到能否用函数 $y = f(x)$ 的导数作为 y 的边际量呢？如果按纯粹的数学概念来讲，似乎行不通，因为导数定义要求自变量增量必须趋向于零，而实际问题中自变量 x 的经济意义通常是按计件的产量或销量作为单位的，改变量为小数且趋于零不合乎实际. 但我们可以这样考虑，对于现代企业来讲，其产销量的数额和一个单位产品相比是一个很大数目，1 个单位常常是其中微不足道的量，可以认为改变一个单位的这种增量是趋近于零的. 正是这个缘故，在经济理论研究中，总是用导数

$$f'(x) = \lim_{\Delta x \to 0} \frac{f(x + \Delta x) - f(x)}{\Delta x}$$

表示经济变量 y 的边际量，即认为 $f'(x)$ 的经济意义是自变量在 x 处有单位改变量时所引起函数 y 的改变数量.

2）边际成本.

在经济学中,边际成本定义为产量为 x 时再增加一个单位产量所增加的成本.

成本函数的平均变化率为

$$\frac{\Delta C}{\Delta x} = \frac{C(x+\Delta x) - C(x)}{\Delta x}.$$

它表示产量由 x 变到 $x+\Delta x$ 时,成本函数的平均改变量.

当成本函数 $C(x)$ 可导时,根据导数定义,成本函数在 x 处的变化率为

$$C'(x) = \lim_{\Delta x \to 0} \frac{C(x+\Delta x) - C(x)}{\Delta x}.$$

在经济上我们认为 $C'(x)$ 就是边际成本. 因此,边际成本 $C'(x)$ 是成本函数 $C(x)$ 关于产量 x 的一阶导数,它近似等于产量为 x 时再生产一个单位产品所需增加的成本,即

$$C'(x) \approx \Delta C(x) = C(x+1) - C(x).$$

在实际问题中,企业为了生产要有厂房、机械、设备等固定资产,在短期成本函数中作为固定成本 C_0,它是常数;而生产中使用劳力、原料、材料、水电等方面的投入随产量 x 的变化而改变,生产的这部分成本是可变成本,以 $C_1(x)$ 记,于是成本函数可表示为

$$C(x) = C_0 + C_1(x)$$

此时边际成本为

$$C'(x) = (C_0)' + C_1'(x) = C_1'(x)$$

由此,边际成本与固定成本无关,它等于边际可变成本.

在实际经济量化分析问题中,经常将产量为 x 时的边际成本 $C'(x)$ 和此时已花费的平均成本 $\frac{C(x)}{x}$ 做比较,由两者的意义知道,如果边际成本小于平均成本,则可以再增加产量以降低平均成本,反之如果边际成本大于平均成本,可以考虑削减产量以降低平均成本. 由此可知,当边际成本等于平均成本时可使产品的平均成本最低.

3）边际收入和边际利润.

在经济学中,边际收入定义为销量为 x 时再多销售一个单位产品时所增加的收入.

设收入函数 $R = R(x)$ 是可导的,收入函数的变化率是

$$R'(x) = \lim_{\Delta x \to 0} \frac{R(x+\Delta x) - R(x)}{\Delta x}$$

同边际成本一样，我们认为 $R'(x)$ 就是边际收入．因此，边际收入 $R'(x)$ 是收入函数 $R(x)$ 关于产量 x 的一阶导数，它近似等于销量为 x 时再销售一个单位产品所增加（或减少）的收入，即

$$R'(x) \approx \Delta R(x) = R(x+1) - R(x).$$

设利润函数为 $L = L(x)$，由于利润函数是收入函数与成本函数之差，即

$$L(x) = R(x) - C(x)$$

则边际利润是

$$L'(x) = R'(x) - C'(x)$$

因此，边际利润 $L'(x)$ 是利润函数 $L(x)$ 关于产量 x 的一阶导数，它近似等于销量为 x 时再销售一个单位产品所增加（或减少）的利润．

在经济学中还经常用到边际效用、边际产量、边际劳动生产率等概念，它和边际成本、边际收入、边际利润的经济解释方法大同小异，在此不再阐述．

下面用具体例子说明边际概念在实际问题中的意义和作用．

例 2.40　设某企业产品的成本函数和收入函数分别为

$$C(x) = 3000 + 200x + \frac{x^2}{5} \text{ 和 } R(x) = 350x + \frac{x^2}{20},$$

其中 x 为产量，单位为件，$C(x)$ 和 $R(x)$ 的单位为千元，求：

（1）边际成本、边际收入、边际利润．

（2）产量 $x = 20$ 时的收入和利润，以及此时的边际收入和边际利润，并解释其经济意义．

解　由边际的定义有

（1）边际成本　　$C'(x) = 200 + \dfrac{2}{5}x$

边际收入　　　　$R'(x) = 350 + \dfrac{x}{10}$

边际利润　$L'(x) = R'(x) - C'(x) = 150 - \dfrac{3}{10}x$

（2）当产量为 20 件时，其收入和利润为

$$R(20) = 350 \times 20 + \frac{(20)^2}{20} = 7020 \text{（千元）}$$

$$L(20) = R(20) - C(20) = 7020 - 7080 = -60 \text{ （千元）}$$

其边际收入与边际利润为

$$R'(20) = 350 + \frac{20}{10} = 352 \text{ （千元 / 件）}$$

$$L'(20) = R'(20) - C'(20) = 352 - 208 = 144 \text{ （千元 / 件）}$$

上面计算说明，在生产 20 件产品的水平上，再把产品都销售的利润为负值，即发生了亏损，亏损值为 60 千元；而此时的边际收入较大，即生产一件产品收入为 352 千元，从而得利润 144 千元. 这样一来，该企业的生产水平由 20 件变到 21 件时，就将由亏损 60 千元的局面转变到盈利 $144 - 60 = 84$ 千元的局面，故应该再增加产量.

（2）弹性分析.

（一个简单引例）设 $y = x^2$，当 x 由 10 变到 11 时，y 由 100 变到 121. 显然，自变量和函数的绝对改变量分别是 $\Delta x = 1$，$\Delta y = 21$，而它们的相对改变量 $\frac{\Delta x}{x}$ 和 $\frac{\Delta y}{y}$ 分别为

$$\frac{\Delta x}{x} = \frac{1}{10} = 10\%$$

$$\frac{\Delta y}{y} = \frac{21}{100} = 21\%$$

这表明，当自变量 x 由 10 变到 11 的相对变动为 10% 时，函数 y 的相对变动为 21%，这时两个相对改变量的比为

$$E = \frac{\Delta y / y}{\Delta x / x} = \frac{21\%}{10\%} = 2.1$$

解释 E 的意义：$x = 10$ 时，当 x 改变 1% 时，y 平均改变 2.1%. 我们称 E 为从 $x = 10$ 到 $x = 11$ 时函数 $y = x^2$ 的平均相对变化率，也称为平均意义下函数 $y = x^2$ 的弹性.

这个大小度量了 $f(x)$ 对 x 变化反应的强烈程度，特别是在经济学中，定量描述一个经济变量对另一个经济变量变化的反应程度对科学决策至关重要.

如果极限

$$\lim_{\Delta x \to 0} \frac{\Delta y / f(x_0)}{\Delta x / x_0} = \lim_{\Delta x \to 0} \frac{[f(x_0 + \Delta x) - f(x_0)] / f(x_0)}{\Delta x / x_0}$$

存在, 则称此极限值为函数 $y = f(x)$ 在点 x_0 处的点弹性, 记为 $\left. \dfrac{Ey}{Ex} \right|_{x=x_0}$,

$$\left. \frac{Ey}{Ex} \right|_{x=x_0} = \lim_{\Delta x \to 0} \frac{x_0}{f(x_0)} \cdot \frac{\Delta y}{\Delta x} = \frac{x_0}{f(x_0)} f'(x_0).$$

称 $\dfrac{Ey}{Ex} = \dfrac{x}{f(x)} f'(x)$ 为函数 $y = f(x)$ 在区间 I 的点弹性函数, 简称弹性函数.

而称

$$\frac{\Delta y / f(x_0)}{\Delta x / x_0} = \frac{[f(x_0 + \Delta x) - f(x_0)] / f(x_0)}{\Delta x / x_0}$$

为函数 $y = f(x)$ 在以 x_0 与 $x_0 + \Delta x$ 为端点的区间上的弧弹性.

弧弹性表达了当自变量 x 从 x_0 变到 $x_0 + \Delta x$ 时函数 $f(x)$ 的平均相对变化率, 而点弹性正是函数 $f(x)$ 在点 x_0 处的相对变化率.

例 2.41 求指数函数 $y = a^x$ ($a > 0$, $a \neq 1$) 的弹性函数.

解 因为 $y' = a^x \ln a$,

所以 $\dfrac{Ey}{Ex} = y' \dfrac{x}{y} = a^x \ln a \cdot \dfrac{x}{a^x} = x \ln a.$

函数的弹性表达了函数 $f(x)$ 在 x 处的相对变化率. 粗略来说, 就是当自变量的值每改变百分之一所引起函数变化的百分数.

需求弹性就是在需求分析中经常用来测定需求对价格反应程度的一个经济指标.

设某商品的市场需求量 Q 是价格 p 的函数

$$Q = Q(p),$$

其中 $Q(p)$ 是可导函数, 则称

$$\frac{EQ}{Ep} = \frac{p}{Q(p)} Q'(p) = \frac{p}{Q} Q'$$

为该商品的需求价格弹性, 简称需求弹性, 记为 ε_p.

可以这样解释 ε_p 的经济意义: 当商品的价格为 p 时, 价格改变 1% 时需求量变化的百分数.

为什么不使用变化率而要使用这种相对变化率来表达价格改变对需求量的反应呢? 由弹性定义看到, 弹性与量纲无关, 需求弹性与需求量和价格所用的计量单位无关. 以对水果的需求为例, 在我国将以 m 公斤 / 元来度量, 在美国将以 n 公斤／美元来度量,这就无法比较两国需求对价格的反应. 正因为弹性可不受计量单位的限制,所以在经济活动分析中被广泛采用. 除需求价格弹性,还有收入价格弹性、成本产量弹性等.

由经济理论知道,一般商品的需求函数为价格的减函数,从而 $Q'(p) < 0$,这说明需求价格弹性 ε_p 一般是负的. 由此,当商品的价格上涨(或下跌)1% 时,需求量将下跌(或上涨)约 $|\varepsilon_p|\%$. 因此在经济学中,比较商品需求弹性的大小时,是指弹性的绝对值 $|\varepsilon_p|$,一般在经济分析中将需求弹性记为 $\varepsilon_p = -|\varepsilon_p|$.

当 $|\varepsilon_p| = 1$ 时,称为单位弹性,此时商品需求量变动的百分比与价格变动的百分比相等;当 $|\varepsilon_p| > 1$ 时,称为高弹性,此时商品需求量变动的百分比高于价格变动的百分比,价格的变动对需求量的影响比较大;当 $|\varepsilon_p| < 1$ 时,称为低弹性,此时商品需求量变动的百分比低于价格变动的百分比,价格的变动对需求量影响不大.

在商品经济中,商品经营者关心的是提价($\Delta p > 0$)或降价($\Delta p < 0$)对总收入的影响,利用需求弹性的概念,可以对此进行分析.

设收入函数为 R ,则 $R = pQ$,此时边际收入为

$$R'(p) = Q + pQ' = Q\left(1 + \frac{p}{Q}Q'\right) = Q(1 + \varepsilon_p) \tag{2.1}$$

当 $|\Delta p|$ 很小时,有

$$\Delta R \approx R'(p)\Delta p = Q(1 + \varepsilon_p)\Delta p = (1 - |\varepsilon_p|)Q\Delta p \tag{2.2}$$

由此可知,当 $|\varepsilon_p| > 1$ (高弹性),商品降价时($\Delta p < 0$), $\Delta R > 0$,即降价可使收入增加;商品提价时($\Delta p > 0$), $\Delta R < 0$,即提价将使总收入减少.

当 $|\varepsilon_p| < 1$ (低弹性)时,降价使总收入减少,提价使总收入增加.

当 $|\varepsilon_p| = 1$ (单位弹性)时, $\Delta R = 0$,提价或降价对总收入无影响.

由上述分析可知,根据商品需求弹性的不同,应制定不同的价格策略,以使收入快速增长.

例 2.42 设某种产品的需求量 Q 与价格 p 的关系为

$$Q(p) = 1600\left(\frac{1}{4}\right)^p$$

(1)求需求弹性.

(2)当产品的价格 $p = 10$ 时再增加 1%,求该产品需求量的变化情况.

解 (1)由需求弹性公式得

$$\varepsilon_p = \frac{p}{Q} Q' = \frac{p}{1600\left(\frac{1}{4}\right)^p} \cdot \left[1600\left(\frac{1}{4}\right)^p\right]'$$

$$= p \ln \frac{1}{4} \approx -1.39 p$$

需求弹性为 $-1.39p$，说明产品价格 p 增加 1% 时，需求量 Q 将减少 $1.39p$%.

（2）当产品价格 $p=10$ 时，有

$$\varepsilon_p = -1.39 \times 10 = -13.9$$

这表示价格 $p=10$ 时，价格增加 1%，产品需求量将减少 13.9%；如果价格降低 1%，产品的需求量将增加 13.9%. 这也表明此商品的需求弹性是高弹性的，适当降价会使销量大增.

例 2.43　已知某企业的产品需求弹性为 2.1，如果该企业准备明年降价 10%，问这种商品的销量预期会增加多少？总收益预期会增加多少？

题中价格的改变量是相对量，所以所求的销量和总收益的改变也采用相对改变量.

解　由需求函数弹性定义知，当 Δp 较小时，有

$$\varepsilon_p = \frac{p}{Q} \cdot \frac{\mathrm{d}Q}{\mathrm{d}p} \approx \frac{p}{Q} \cdot \frac{\Delta Q}{\Delta p}$$

即

$$\frac{\Delta Q}{Q} \approx \varepsilon_p \frac{\Delta p}{p}$$

故当 $|\varepsilon_p| = 2.1$，$\dfrac{\Delta p}{p} = -0.1$ 时，有

$$\frac{\Delta Q}{Q} \approx -2.1 \times (-0.1) = 21\%$$

因为 $R = PQ$，由式 (2.2) 有

$$\frac{\Delta R}{R} \approx (1 - |\varepsilon_p|) \frac{Q}{p \cdot Q} \Delta p = (1 - |\varepsilon_p|) \frac{\Delta p}{p}$$

当 $\varepsilon_p = 2.1$ 时，有

$$\frac{\Delta R}{R} \approx (1-2.1) \times (-0.1) = 11\%$$

可见，明年企业若降价 10%，企业销量将增加 21%，收入将增加 11%.

习题 2.2

1. 计算下列函数的导数：

（1）$y = 3x^2 - x + 5$；

（2）$y = 2\sqrt{x} - \dfrac{1}{x} + 4\sqrt{3}$；

（3）$y = \dfrac{1-x^3}{\sqrt{x}}$；

（4）$y = (x-a)(x-b)$；

（5）$y = \sqrt[3]{x}\sin x + a^x e^x$；

（6）$y = \dfrac{1-\ln x}{1+\ln x}$.

2. 计算下列函数的导数：

（1）$y = \cos^3 \dfrac{x}{2}$；

（2）$y = \dfrac{x}{\sqrt{1-x^2}}$；

（3）$y = \ln\sqrt{x} + \sqrt{\ln x}$；

（4）$y = \ln\ln x$；

（5）$y = e^{\arctan\sqrt{x}}$；

（6）$y = \ln(\sec x + \tan x)$；

（7）$y = \sqrt{1+x^2}\ln(x+\sqrt{1+x^2})$；

（8）$y = \cot^2 x - \arccos\sqrt{1-x^2}$.

3. 设 $y' = (\sin x)^{\cos^2 x}$，求 y'.

4. 求下列二阶导数：

（1）$y = x^5 + 4x^3 + 2x$；

（2）$y = e^{-x}\sin x$；

（3）$y = e^{3x-2}$；

（4）$y = \ln(1-x^2)$.

5. 验证 $y = c_1 e^{\lambda x} + c_2 e^{-\lambda x}$（$\lambda$，$c_1$，$c_2$是常数）满足关系式：$y'' - \lambda^2 y = 0$.

2.3 隐函数及由参数方程所确定的函数的导数

1. 隐函数求导法则

显函数：形如 $y = f(x)$ 的函数称为显函数. 例如 $y = \sin x$，$y = \tan^3 \ln x$ 等.

隐函数：由方程 $F(x, y) = 0$ 所确定的函数称为隐函数. 例如 $x^2 + y^2 = 1$，$\sin(xy) - \ln(x+y) = 0$ 等.

▶ 定义 2.4　如果变量 x 和 y 满足一个方程 $F(x, y) = 0$，在一定条件下，当 x 取某个区间内的任一值时，相应地总有满足这方程的唯一的 y 值与其对应，那么就说方程 $F(x, y) = 0$ 在该区间内确定了一个隐函数.

要求二元方程 $F(x, y) = 0$ 所确定的隐函数 y 的导数 $\dfrac{\mathrm{d}y}{\mathrm{d}x}$，只要将方程中的 y 看成 x 的函数，把函数 $F(x, y)$ 看成 x 的复合函数，利用复合函数求导法则，在方程两边同时对 x 求导，得到一个关于 $\dfrac{\mathrm{d}y}{\mathrm{d}x}$ 的方程，从中解出 $\dfrac{\mathrm{d}y}{\mathrm{d}x}$ 即可. 下面举例说明这种方法.

例 2.44　求由方程 $xy = \mathrm{e}^{x+y}$ 所确定的隐函数 $y = y(x)$ 的导数 $\dfrac{\mathrm{d}y}{\mathrm{d}x}$.

解　由 $xy = \mathrm{e}^{x+y}$ 两边对 x 求导，得

$$y + x\frac{\mathrm{d}y}{\mathrm{d}x} = \mathrm{e}^{x+y}\left(1 + \frac{\mathrm{d}y}{\mathrm{d}x}\right)$$

由上式解出 $\dfrac{\mathrm{d}y}{\mathrm{d}x}$，即得隐函数的导数为

$$\frac{\mathrm{d}y}{\mathrm{d}x} = \frac{\mathrm{e}^{x+y} - y}{x - \mathrm{e}^{x+y}}$$

例 2.45　求方程 $y^5 + 2y - x - 3x^7 = 0$ 确定的隐函数 y 在 $x = 0$ 处的导数 $\dfrac{\mathrm{d}y}{\mathrm{d}x}\Big|_{x=0}$.

解　方程两边分别对 x 求导，得

$$5y^4\frac{\mathrm{d}y}{\mathrm{d}x} + 2\frac{\mathrm{d}y}{\mathrm{d}x} - 1 - 21x^6 = 0, \quad \frac{\mathrm{d}y}{\mathrm{d}x} = \frac{1 + 21x^6}{5y^4 + 2}$$

当 $x = 0$ 时，得 $y = 0$，则 $\dfrac{\mathrm{d}y}{\mathrm{d}x}\Big|_{x=0} = \dfrac{1}{2}$.

例 2.46　设 $\sin(xy) - \ln(x+y) = 0$ 确定了函数 $y = f(x)$，求导数 $\dfrac{\mathrm{d}y}{\mathrm{d}x}$.

解　方程两边对 x 求导，注意到 y 是 x 的函数：

$$\cos(xy) \cdot (y + xy') - \frac{1}{x+y} \cdot (1 + y') = 0$$

得
$$y' = \frac{(x+y)y\cos(xy) - 1}{1 - (x+y)x\cos(xy)}.$$

例 2.47 求曲线 $x^2 + xy + y^2 = 4$ 在点 $(2, -2)$ 处的切线方程与法线方程.

解 由 $x^2 + xy + y^2 - 4 = 0$ 两边对 x 求导, 得

$$2x + y + xy' + 2y \cdot y' = 0$$

解得

$$y' = -\frac{2x + y}{x + 2y}$$

由导数的几何意义知, 曲线在点 $(2, -2)$ 处切线斜率 $k = y'\big|_{\substack{x=2 \\ y=-2}} = 1$

所以, 所求切线方程为

$$y + 2 = 1 \cdot (x - 2), \ \text{即} \ y - x + 4 = 0$$

法线方程为

$$y + 2 = -1 \cdot (x - 2), \ \text{即} \ y + x = 0.$$

例 2.48 设 $y = y(x)$ 由方程 $x^2 + y^2 = 1$ 所确定, 求 y''.

解 $2x + 2yy' = 0$, $y' = -\dfrac{x}{y}$

$$y'' = -\frac{1 \cdot y - xy'}{y^2} = -\frac{y + \dfrac{x^2}{y}}{y^2} = -\frac{y^2 + x^2}{y^3} = -\frac{1}{y^3}.$$

2. 对数求导法

对于某些函数, 例如若干个因子的连乘积和幂指函数, 利用普通方法求导比较复杂, 甚至难以进行. 这时可以采用先取对数、再求导的方法使求导过程简化, 这种方法即对数求导法.

例 2.49 求函数 $y = x^{\sin x}$ $(x > 0)$ 的导数.

解 将函数 $y = x^{\sin x}$ 两边取对数, 得

$$\ln y = \sin x \ln x$$

两边同时对 x 求导数，得

$$\frac{1}{y}y' = \cos x \ln x + \frac{\sin x}{x}$$

所以

$$y' = y\left(\cos x \ln x + \frac{\sin x}{x}\right)$$

即

$$y' = x^{\sin x}\left(\cos x \ln x + \frac{\sin x}{x}\right)$$

通常情况下，对由多个因子通过乘、除、乘方、开方等运算构成的复杂函数的求导，也采用对数求导法，可使得运算大为简化.

例 2.50　求函数 $y = x\sqrt{\dfrac{1-x}{1+x}}$ 的导数.

解　将函数两边取绝对值后，再取对数，得

$$\ln|y| = \ln|x| + \frac{1}{2}\ln|1-x| - \frac{1}{2}\ln|1+x|$$

上式两边对 x 求导数得

$$\frac{1}{y}y' = \frac{1}{x} - \frac{1}{2(1-x)} - \frac{1}{2(1+x)}$$

所以

$$y' = y\left(\frac{1}{x} - \frac{1}{1-x^2}\right) = x\sqrt{\frac{1-x}{1+x}}\left(\frac{1}{x} - \frac{1}{1-x^2}\right)$$

例 2.51　求函数 $y = (x+1)(x+2)^2(x+3)^3\cdots(x+n)^n$ 的导数.

解　将函数 $y = (x+1)(x+2)^2(x+3)^3\cdots(x+n)^n$ 两边取对数，得

$$\ln y = \ln(x+1) + 2\ln(x+2) + +3\ln(x+3) + \cdots + n\ln(x+n)$$

两边同时对 x 求导数，得

$$\frac{1}{y}y' = \frac{1}{x+1} + \frac{2}{x+2} + \frac{3}{x+3} + \cdots + \frac{n}{x+n}$$

所以

$$y' = y\left(\frac{1}{x+1}+\frac{2}{x+2}+\frac{3}{x+3}+\cdots+\frac{n}{x+n}\right)$$

即　$y' = (x+1)(x+2)^2(x+3)^3\cdots(x+n)^n\left(\frac{1}{x+1}+\frac{2}{x+2}+\frac{3}{x+3}+\cdots+\frac{n}{x+n}\right).$

3. 参数方程求导

在实际问题中，函数 y 与自变量 x 可能不是直接由解析式 $y=f(x)$ 表示，而是用参数方程 $\begin{cases}x=\varphi(t)\\y=\psi(t)\end{cases}$ 的形式来表示（t 为参变量）. 下面给出这类函数的求导方法.

设 $x=\varphi(t)$ 有连续反函数 $t=\varphi^{-1}(x)$，又 $\varphi'(t)$ 与 $\psi'(t)$ 都存在，且 $\varphi'(t)\neq 0$，则 y 为复合函数 $y=\psi(t)=\psi[\varphi^{-1}(x)]$，利用反函数和复合函数求导法则，得

$$\frac{dy}{dx}=\frac{dy}{dt}\cdot\frac{dt}{dx}=\psi'(t)\cdot\frac{1}{\varphi'(t)}=\frac{\psi'(t)}{\varphi'(t)}=\frac{y'_t}{x'_t},\ 即\frac{dy}{dx}=\frac{\dfrac{dy}{dt}}{\dfrac{dx}{dt}}.$$

例 2.52　已知 $\begin{cases}x=t\sin t\\y=\cos t\end{cases}$，求 $\frac{dy}{dx}$.

解　$\dfrac{dy}{dx}=\dfrac{\dfrac{dy}{dt}}{\dfrac{dx}{dt}}=-\dfrac{\sin t}{\sin t+t\cos t}.$

例 2.53　求由参数方程 $\begin{cases}x=2\cos^3\varphi\\y=4\sin^3\varphi\end{cases}$ 所确定的函数的导数 $\frac{dy}{dx}$.

解　$$\frac{dx}{d\varphi}=(2\cos^3\varphi)'=6\cos^2\varphi(-\sin\varphi)$$

$$\frac{dy}{d\varphi}=(4\sin^3\varphi)'=12\sin^2\varphi\cos\varphi$$

所以　$$\frac{dy}{dx}=\frac{\dfrac{dy}{d\varphi}}{\dfrac{dx}{d\varphi}}=\frac{12\sin^2\varphi\cos\varphi}{-6\cos^2\varphi\sin\varphi}=-2\tan\varphi$$

例 2.54　设 $\begin{cases} x = \displaystyle\int_t^{t^2} e^{u^2} \sin u \, du \\ y = \displaystyle\int_0^{2t} e^u \ln(1+u) \, du \end{cases}$，求 $\dfrac{dx}{dy}$.

解
$$\frac{dx}{dy} = \frac{\dfrac{dx}{dt}}{\dfrac{dy}{dt}} = \frac{2te^{t^4}\sin t^2 - e^{t^2}\sin t}{2e^{2t}\ln(1+2t)}.$$

例 2.55　设 $\begin{cases} x = \arctan t \\ y = \ln(1+t^2) \end{cases}$，求 $\dfrac{d^2 y}{dx^2}$.

解
$$\frac{dy}{dx} = \frac{\dfrac{dy}{dt}}{\dfrac{dx}{dt}} = \frac{\dfrac{2t}{1+t^2}}{\dfrac{1}{1+t^2}} = 2t$$

$$\frac{d^2 y}{dx^2} = \frac{d\left(\dfrac{dy}{dx}\right)}{dx} = \frac{\dfrac{d\left(\dfrac{dy}{dx}\right)}{dt}}{\dfrac{dx}{dt}} = \frac{2}{\dfrac{1}{1+t^2}} = 2(1+t^2).$$

例 2.56　如果不计空气的阻力，则抛射体的运动轨迹的参数方程为
$$\begin{cases} x = v_1 t \\ y = v_2 t - \dfrac{1}{2} g t^2 \end{cases}$$

其中 v_1，v_2 分别是抛射体初速度的水平、铅直分量，g 是重力加速度，t 是飞行时间. 求时刻 t 抛射体的运动速度.

解　因为速度的水平分量和铅直分量分别为
$$\frac{dx}{dt} = v_1, \quad \frac{dy}{dt} = v_2 - gt,$$

所以抛射体的运动速度的大小为
$$v = \sqrt{\left(\frac{dx}{dt}\right)^2 + \left(\frac{dy}{dt}\right)^2} = \sqrt{v_1^2 + (v_2 - gt)^2}.$$

而速度的方向就是轨道的切线方向. 若 φ 是切线与 x 轴正向的夹角，则根据导数的几何意义，有

$$\tan x = \frac{\mathrm{d}y}{\mathrm{d}x} = \frac{y'_t}{x'_t} = \frac{v_2 - gt}{v_1} \ \text{或} \ \varphi = \arctan \frac{v_2 - gt}{v_1}.$$

习题 2.3

1. 求下列隐函数的导数.

（1） $x^2 + y^2 - xy = 1$ ；

（2） $y^2 - 2axy + b = 0$ （ a 是常数）；

（3） $y = x + \ln y$ ；

（4） $y = 1 + x\mathrm{e}^y$ ；

（5） $xy = \mathrm{e}^{x+y}$ ；

（6） $\arctan \dfrac{y}{x} = \ln \sqrt{x^2 + y^2}$ ；

（7） $xy - \sin(\pi y^2) = 0$ ；

（8） $\mathrm{e}^{xy} + y^3 - 5x = 0$.

2. 利用对数求导法求下列函数的导数.

（1） $y = x\sqrt{\dfrac{1-x}{1+x}}$ ；

（2） $y = (x - a_1)^{a_1} (x - a_2)^{a_2} \cdots (x - a_n)^{a_n}$ ；

（3） $y = (\ln x)^x$ ；

（4） $y = \sqrt[3]{\dfrac{x(x+1)(x+2)}{(x^2 + 1)(\mathrm{e}^x + x)}}$.

3. 设 $y = y(x)$ 由方程 $x^2 + y^2 = 1$ 所确定，求 y''.

2.4 函数的微分

1. 微分的定义

引例：一块正方形的金属薄片受温度变化的影响，其边长由 x_0 变到 $x_0 + \Delta x$ ，如图 2.2 所示，问此薄片的面积改变了多少？

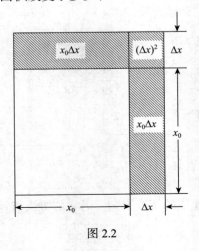

图 2.2

已知, 正方形面积 S 为边长 x 的函数: $S = x^2$.

金属薄片受温度变化的影响, 边长由 x_0 变到 $x_0 + \Delta x$, 这时函数 S 相应的改变量为

$$\Delta S = (x_0 + \Delta x)^2 - x_0^2 = 2x_0\Delta x + (\Delta x)^2.$$

可见 ΔS 由两部分组成: 一部分为 $2x_0\Delta x$ (即图 2.2 中两个长方形阴影部分的面积之和) 是 Δx 的线性函数, 当 $|\Delta x|$ 微小时, 它是 ΔS 的主要部分, 称为 ΔS 的线性主部; 另一部分为 $(\Delta x)^2$ (即图 2.2 中右上方小正方形的面积), 当 $\Delta x \to 0$ 时, 它是较 Δx 高阶的无穷小量.

由此可见, 当 $|\Delta x|$ 微小时, 面积的改变量 ΔS 可由它的线性主部 $2x_0\Delta x$ 近似代替, 即 $\Delta S \approx 2x_0\Delta x$.

对于一般的函数 $y = f(x)$, 如果存在上述近似公式, 则无论从理论分析还是实际应用上看, 都有着十分重要的意义.

📢 定义 2.5　设函数 $y = f(x)$ 在某区间 I 内有定义, 当自变量 x 在点 x_0 处产生一个改变量 Δx (其中 $x_0, x_0 + \Delta x \in I$) 时, 函数的改变量 $\Delta y = f(x_0 + \Delta x) - f(x_0)$ 与 Δx 有下列关系

$$\Delta y = A\Delta x + o(\Delta x),$$

其中 A 是与 Δx 无关的常数, 则称函数 $f(x)$ 在点 x_0 处可微, 称 $A\Delta x$ 为函数 $f(x)$ 在点 x_0 处的微分, 记为 $\mathrm{d}y\big|_{x=x_0}$, 即

$$\mathrm{d}y\big|_{x=x_0} = A\Delta x.$$

上式中 A 是什么? 可导与可微又是什么关系, 来看下面的定理.

➡ 定理 2.7　函数 $y = f(x)$ 在点 x_0 处可微的充分必要条件是函数 $y = f(x)$ 在点 x_0 处可导, 并且

$$\mathrm{d}y\big|_{x=x_0} = f'(x_0)\Delta x.$$

证明　必要性　设函数 $y = f(x)$ 在点 x_0 处可微, 由微分的定义, 有

$$\Delta y = A\Delta x + o(\Delta x),$$

其中 A 是与 Δx 无关的常数, $\Delta x \neq 0$. 上式两端同除以 Δx, 得

$$\frac{\Delta y}{\Delta x} = A + \frac{o(\Delta x)}{\Delta x},$$

取极限得

$$A = \lim_{\Delta x \to 0} \frac{\Delta y}{\Delta x} = f'(x_0) ,$$

即函数 $y = f(x)$ 在 x_0 可导, 且 $A = f'(x_0)$.

充分性　设函数 $y = f(x)$ 在 x_0 可导, 有

$$\lim_{\Delta x \to 0} \frac{\Delta y}{\Delta x} = f'(x_0)$$

由极限与无穷小的关系, 有

$$\frac{\Delta y}{\Delta x} = f'(x_0) + \alpha , \quad \text{其中} \lim_{\Delta x \to 0} \alpha = 0 ,$$

两端同乘以 Δx, 有

$$\Delta y = f'(x_0)\Delta x + \alpha \Delta x .$$

由于 $\lim\limits_{\Delta x \to 0} \dfrac{\alpha \Delta x}{\Delta x} = 0$, $f'(x_0)$ 是与 Δx 无关的常数, 所以函数 $y = f(x)$ 在点 x_0 处可微.

可见, 函数 $y = f(x)$ 在点 x_0 处可微与可导是等价的.

函数 $y = f(x)$ 在任意点 x 处的微分称为函数的微分, 记为 $\mathrm{d}y$ 或 $\mathrm{d}f(x)$, 有

$$\mathrm{d}y = f'(x)\Delta x .$$

如果 $y = x$, 则 $\mathrm{d}x = x'\Delta x = 1 \cdot \Delta x = \Delta x$ (即自变量的微分等于自变量的改变量), 从而, 通常把自变量 x 的增量 Δx 称为自变量的微分, 记作 $\mathrm{d}x$, 即 $\mathrm{d}x = \Delta x$, 于是函数 $y = f(x)$ 的微分又可记作

$$\mathrm{d}y = f'(x)\mathrm{d}x .$$

从而有 $\dfrac{\mathrm{d}y}{\mathrm{d}x} = f'(x)$. 这就是说, 函数的微分 $\mathrm{d}y$ 与自变量的微分 $\mathrm{d}x$ 之商等于该函数的导数. 因此, 导数也叫作 "微商".

由于把求微分的问题归结为求导数的问题, 因此把求导数与求微分的方法统称为微分法.

例 2.57　求函数 $y = x^3$ 当 $x = 2$, $\Delta x = 0.02$ 时的微分.

解　先求函数在任意点 x 的微分

$$\mathrm{d}y = (x^3)'\Delta x = 3x^2\Delta x .$$

再求函数当 $x = 2$，$\Delta x = 0.02$ 时的微分

$$dy\Big|_{\substack{x=2\\\Delta x=0.02}} = 3x^2\Delta x\Big|_{\substack{x=2\\\Delta x=0.02}} = 0.24.$$

例 2.58　半径为 r 的球，其体积 $V = \dfrac{4}{3}\pi r^3$，当半径增大 Δr 时，求体积的改变量及微分.

解　体积的改变量

$$\Delta V = \frac{4}{3}\pi(r + \Delta r)^3 - \frac{4}{3}\pi r^3 = 4\pi r^2\Delta r + 4\pi r\cdot(\Delta r)^2 + \frac{4}{3}\pi(\Delta r)^3$$

显然有

$$\Delta r = 4\pi r^2\Delta x + o(\Delta r)$$

所以，体积微分为

$$dV = 4\pi r^2\Delta r.$$

2. 微分的几何意义

dy 就是曲线 $y = f(x)$ 在点 $M(x_0, y_0)$ 的切线上点 $P(x, y)$ 的纵坐标 y 相应的增量，即

$$dy = f'(x_0)\Delta x = MQ\tan\varphi = QP.$$

当 $|\Delta x|$ 很小时，$|\Delta y - dy|$ 比 Δx 小很多.

故可以用切线段 MP 来近似代替曲线段 MN（图 2.3）.

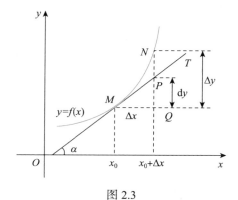

图 2.3

3. 微分公式

（1）基本初等函数的微分公式.

导数公式	微分公式
$(x^\mu)' = \mu x^{\mu-1}$	$d(x^\mu) = \mu x^{\mu-1}dx$

续表

导数公式	微分公式
$(\sin x)' = \cos x$	$d(\sin x) = \cos x dx$
$(\cos x)' = -\sin x$	$d(\cos x) = -\sin x dx$
$(\tan x)' = \sec^2 x$	$d(\tan x) = \sec^2 x dx$
$(\cot x)' = -\csc^2 x$	$d(\cot x) = -\csc^2 x dx$
$(\sec x)' = \sec x \tan x$	$d(\sec x) = \sec x \tan x dx$
$(\csc x)' = -\csc x \cot x$	$d(\csc x) = -\csc x \cot x dx$
$(a^x)' = a^x \ln a$	$d(a^x) = a^x \ln a dx$
$(e^x)' = e^x$	$d(e^x) = e^x dx$
$(\log_a x)' = \dfrac{1}{x \ln a}$	$d(\log_a x) = \dfrac{1}{x \ln a} dx$
$(\ln x)' = \dfrac{1}{x}$	$d(\ln x) = \dfrac{1}{x} dx$
$(\arcsin x)' = \dfrac{1}{\sqrt{1-x^2}}$	$d(\arcsin x) = \dfrac{1}{\sqrt{1-x^2}} dx$
$(\arccos x)' = -\dfrac{1}{\sqrt{1-x^2}}$	$d(\arccos x) = -\dfrac{1}{\sqrt{1-x^2}} dx$
$(\arctan x)' = \dfrac{1}{1+x^2}$	$d(\arctan x) = \dfrac{1}{1+x^2} dx$
$(\operatorname{arc cot} x)' = -\dfrac{1}{1+x^2}$	$d(\operatorname{arc cot} x) = -\dfrac{1}{1+x^2} dx$

（2）函数和、差、积、商的微分法则.

函数和、差、积、商的求导法则	函数和、差、积、商的微分法则
$(u \pm v)' = u' \pm v'$	$d(u \pm v) = du \pm dv$
$(Cu)' = Cu'$	$d(Cu) = Cdu$

续表

函数和、差、积、商的求导法则	函数和、差、积、商的微分法则
$(uv)' = u'v + uv'$	$\mathrm{d}(uv) = v\mathrm{d}u + u\mathrm{d}v$
$\left(\dfrac{u}{v}\right)' = \dfrac{u'v - uv'}{v^2}\ (v \neq 0)$	$\mathrm{d}\left(\dfrac{u}{v}\right) = \dfrac{v\mathrm{d}u - u\mathrm{d}v}{v^2}\ (v \neq 0)$

例如：证明 $\mathrm{d}(uv) = v\mathrm{d}u + u\mathrm{d}v$.

证明　因为 $(uv)' = vu' + uv'$ ，而 $\mathrm{d}u = u'\mathrm{d}x$ ，$\mathrm{d}v = v'\mathrm{d}x$ ，

所以　　$\mathrm{d}(uv) = (vu' + uv')\mathrm{d}x = v(u'\mathrm{d}x) + u(v'\mathrm{d}x) = v\mathrm{d}u + u\mathrm{d}v$.

（3）复合函数的微分法则.

设 $y = f(u)$ ，$u = \varphi(x) \in D$.

1）$\mathrm{d}y = f'(u)\mathrm{d}u$ （注：此处 $\mathrm{d}y$ 是关于 Δx 的微分 ）.

证明　因为 $\dfrac{\mathrm{d}y}{\mathrm{d}x} = f'(u)\dfrac{\mathrm{d}u}{\mathrm{d}x}$ ，$\mathrm{d}u = \varphi'(x)\mathrm{d}x = \dfrac{\mathrm{d}u}{\mathrm{d}x}\mathrm{d}x$

所以　　$\mathrm{d}y = \dfrac{\mathrm{d}y}{\mathrm{d}x}\mathrm{d}x = f'(u)\dfrac{\mathrm{d}u}{\mathrm{d}x}\mathrm{d}x = f'(u)\mathrm{d}u$.

2）微分形式的不变性：无论 u 是否为自变量，微分形式 $\mathrm{d}y = f'(u)\mathrm{d}u$ 保持不变.

例 2.59　$y = \sin(2x + 1)$ ，求 $\mathrm{d}y$.

解　由于 $y = \sin u$ ，$u = 2x + 1$ ，而 $\mathrm{d}y = \cos u$ ，$\mathrm{d}u = 2\mathrm{d}x$ ，于是

$$\mathrm{d}y = \cos u \mathrm{d}u = \cos(2x + 1) \cdot 2\mathrm{d}x = 2\cos(2x + 1)\mathrm{d}x .$$

例 2.60　$y = \ln(1 + \mathrm{e}^{x^2})$ ，求 $\mathrm{d}y$.

解　$\mathrm{d}y = \mathrm{d}\ln(1 + \mathrm{e}^{x^2}) = \dfrac{1}{1 + \mathrm{e}^{x^2}}\mathrm{d}(1 + \mathrm{e}^{x^2}) = \dfrac{1}{1 + \mathrm{e}^{x^2}}\mathrm{e}^{x^2}\mathrm{d}(x^2)$

$$= \dfrac{\mathrm{e}^{x^2}}{1 + \mathrm{e}^{x^2}}2x\mathrm{d}x = \dfrac{2x\mathrm{e}^{x^2}}{1 + \mathrm{e}^{x^2}}\mathrm{d}x .$$

例 2.61　$y = e^{1-3x}\cos x$，求 dy.

解　$dy = \cos x\,de^{1-3x} + e^{1-3x}d\cos x = e^{1-3x}\cos x\,d(1-3x) + e^{1-3x}\cdot(-\sin x)dx$

$= -3e^{1-3x}\cos x\,dx - e^{1-3x}\sin x\,dx = -e^{1-3x}(3\cos x + \sin x)dx.$

例 2.62　$y + xe^y = 1$，求 dy.

解　由于 $0 = d(y + xe^y) = dy + e^y dx + xe^y dy$，于是

$$dy = -\frac{e^y}{1 + xe^y}dx.$$

例 2.63　在下列等式的括号中填入适当的函数，使等式成立.

（1）$d(\quad) = x\,dx$；（2）$d(\quad) = \cos\omega t\,dt$；（3）$d(\sin x^2) = (\quad)d(\sqrt{x})$.

解　（1）因 $d(x^\mu) = \mu x^{\mu-1}dx$，那么 $d\left(\dfrac{x^\mu}{\mu}\right) = x^{\mu-1}dx$，令 $\mu = 2$，有 $d\left(\dfrac{x^\mu}{2}\right) = x\,dx$.

一般地，$d\left(\dfrac{x^\mu}{2} + C\right) = x\,dx$，$C$ 为任意常数.

（2）因 $d(\sin\omega t) = \omega\cos\omega t\,dt$，那么 $d\left(\dfrac{1}{\omega}\sin\omega t\right) = \cos\omega t\,dt$.

一般地，$d\left(\dfrac{1}{\omega}\sin\omega t + C\right) = \cos\omega t\,dt$，$C$ 为任意常数.

（3）因为 $\dfrac{d(\sin x^2)}{d(\sqrt{x})} = \dfrac{2x\cos x^2 dx}{\dfrac{1}{2\sqrt{x}}dx} = 4x\sqrt{x}\cos x^2$，

所以 $d(\sin x^2) = (4x\sqrt{x}\cos x^2)d(\sqrt{x})$.

例 2.64　求由方程 $\ln\sqrt{x^2 + y^2} = \arctan\dfrac{y}{x}$ 所确定的隐函数 $y = y(x)$ 的微分.

解　方法一　先变形为

$$\frac{1}{2}\ln(x^2 + y^2) = \arctan\frac{y}{x}.$$

方程两边对 x 求导，有

$$\frac{1}{2} \cdot \frac{1}{x^2 + y^2} (x^2 + y^2)' = \frac{1}{1 + \left(\dfrac{y}{x}\right)^2} \left(\frac{y}{x}\right)',$$

继续对 x 求导，有

$$\frac{1}{2} \cdot \frac{1}{x^2 + y^2} (2x + 2yy') = \frac{1}{1 + \left(\dfrac{y}{x}\right)^2} \cdot \frac{xy' - y}{x^2},$$

整理 $x + yy' = xy' - y$，解得 $y' = \dfrac{x + y}{x - y}$。

于是，$\mathrm{d}y = \dfrac{x + y}{x - y} \mathrm{d}x$。

方法二　先变形为

$$\frac{1}{2} \ln(x^2 + y^2) = \arctan \frac{y}{x},$$

方程两边取微分，有

$$\frac{1}{2} \mathrm{d}[\ln(x^2 + y^2)] = \mathrm{d}\left(\arctan \frac{y}{x}\right),$$

$$\frac{1}{2} \cdot \frac{1}{x^2 + y^2} \mathrm{d}(x^2 + y^2) = \frac{1}{1 + \left(\dfrac{y}{x}\right)^2} \mathrm{d}\left(\frac{y}{x}\right),$$

进一步求微分，有

$$\frac{1}{2} \cdot \frac{1}{x^2 + y^2} (2x\mathrm{d}x + 2y\mathrm{d}y) = \frac{1}{1 + \left(\dfrac{y}{x}\right)^2} \cdot \frac{x\mathrm{d}y - y\mathrm{d}x}{x^2}.$$

整理 $x\mathrm{d}x + y\mathrm{d}y = x\mathrm{d}y - y\mathrm{d}x$，解得

$$\mathrm{d}y = \frac{x + y}{x - y} \mathrm{d}x.$$

4. 微分在近似计算中的应用

一般近似计算

$$f(x_0 + \Delta x) \approx f(x_0) + f'(x_0)\Delta x \text{（当}|\Delta x|\text{很小时）}.$$

证明 因为当$|\Delta x|$很小时，$\Delta y \approx \mathrm{d}y$，所以

$$f(x_0 + \Delta x) \approx f(x_0) + \mathrm{d}y = f(x_0) + f'(x_0)\Delta x$$

在$f(x_0 + \Delta x) \approx f(x_0) + f'(x_0)\Delta x$中令$x_0 + \Delta x = x$，则

$$f(x) \approx f(x_0) + f'(x_0)(x - x_0)$$

在Δx很小，即$|x - x_0|$很小时，左边非线性函数$f(x)$能用右边近似代替.

使用以上公式时注意：①选准$f(x)$及x_0，使$f(x_0)$，$f'(x_0)$便于计算；②Δx比x_0尽可能小.

在$f(x_0 + \Delta x) \approx f(x_0) + f'(x_0)\Delta x$中，特别当$x_0 = 0$，$|x|$很小时，

$$f(x) \approx f(0) + f'(0)x.$$

应用公式$f(x) \approx f(x_0) + f'(x_0)(x - x_0)$可以推得一些常用近似公式，当$|\Delta x|$很小时，有

（1）$\sqrt[n]{1+x} \approx 1 + \dfrac{1}{n}x$；

（2）$\mathrm{e}^x \approx 1 + x$；

（3）$\ln(1+x) \approx x$；

（4）$\sin x \approx x$（x用弧度单位）；

（5）$\tan x \approx x$（x用弧度单位）.

证明 （1）取$f(x) = \sqrt[n]{1+x}$，于是$f(0) = 1$

$$f'(0) = \frac{1}{n}(1+x)^{\frac{1}{n}-1}\bigg|_{x=0} = \frac{1}{n}，\text{代入}f(x) \approx f(0) + f'(0)x，\text{得}\sqrt[n]{1+x} \approx 1 + \frac{1}{n}x.$$

（2）取$f(x) = \mathrm{e}^x$，于是$f(0) = 1$. $f'(0) = (\mathrm{e}^x)'\big|_{x=0} = 1$，代入$f(x) \approx f(0) +$ $f'(0)x$，得$\mathrm{e}^x \approx 1 + x$.

公式（3）（4）（5）可类似地证明，这里从略.

例 2.65 一外径为 10cm 的球，球壳厚度为$\dfrac{1}{16}$cm，试估计球壳的体积.

解　已知 $V = \dfrac{4}{3}\pi R^3$, 而 $V' = 4\pi R^2$, 又 $R_0 = 10\mathrm{cm}$, $\Delta R = \dfrac{1}{16}\mathrm{cm}$, 那么

$$\Delta V \approx V_0' \Delta R = 4\pi R_0^2 \Delta R = 4 \times 3.14 \times 10^2 \times \left(\dfrac{1}{16}\right) \approx 19.63(\mathrm{cm}^3) ,$$

于是球壳的体积近似为 $19.63\mathrm{cm}^3$.

例 2.66　计算 $\sin 30°30'$ 的近似值.

解　令 $f(x) = \sin x$, $f'(x) = \cos x$, 取 $x_0 = 30° = \dfrac{\pi}{6}$ 和 $\Delta x = 30' = \dfrac{\pi}{360}$,

那么　　$\sin 30°30' = f(x_0 + \Delta x) \approx f(x_0) + f'(x_0)\Delta x$

$$= \sin x_0 + \Delta x \cos x_0 = \sin\dfrac{\pi}{6} + \dfrac{\pi}{360}\cos\dfrac{\pi}{6} .$$

$$= \dfrac{1}{2} + \dfrac{\pi}{360} \cdot \dfrac{\sqrt{3}}{2} \approx 0.5000 + 0.0076 = 0.5076 .$$

例 2.67　计算 $\sqrt{1.05}$ 的近似值.

解　令 $f(x) = \sqrt{x}$, $f'(x) = \dfrac{1}{2\sqrt{x}}$, 取 $x_0 = 1$ 和 $\Delta x = 0.05$, 那么

$$\sqrt{1.05} = f(x_0 + \Delta x) \approx f(x_0) + f'(x_0)\Delta x$$

$$= f(x_0) + \dfrac{\Delta x}{2\sqrt{x_0}} = \sqrt{1} + \dfrac{0.05}{2 \times \sqrt{1}} = 1.025 .$$

5. 误差估计

微分还可以用于误差估计中, 在测量某一量时, 所测的结果与精确值有个误差, 有误差的结果在计算过程中必导致所计算的其他量也带有误差, 那么如何估计这些误差呢? 一般地, 设 A 为某量的精确值, a 为所测的近似值, $|A-a|$ 称为其绝对误差, $\left|\dfrac{A-a}{a}\right|$ 称为其相对误差, 然而, A 经常是无法知道的, 但根据使用者的经验, 有时能够确定其绝对误差 $|A-a|$ 不超过 δ_A , 即 $|A-a| \leqslant \delta_A$, 此时, 称 δ_A 为 A 的绝对误差限, 而 $\dfrac{\delta_A}{|a|}$ 为 A 的相对误差限.

设 x 在测量时测得值为 x_0 ,且测量的绝对误差限为 δ_x ,即 $|\Delta x| \leqslant \delta_x$,从而,当 $f'(x_0) \neq 0$ 时,由于 $|\Delta y| \approx |\mathrm{d}y| = |f'(x_0)\Delta x| = |f'(x_0)||\Delta x| \leqslant |f'(x_0)|\delta_x$.

$\delta_y = |f'(x_0)|\delta_x$ 称为 y 的绝对误差限, $\dfrac{f'(x_0)\delta_x}{|f(x_0)|}$ 称为 y 的相对误差限. 绝对误差限常简称为绝对误差,相对误差限也简称为相对误差.

例 2.68 已测得一球的直径为 43cm,并知在测量中的绝对误差不超过 0.2cm,求以此数据计算体积时所产生的误差.

> 解 已知 $V = \dfrac{4}{3}\pi r^3$, $V' = 4\pi r^2$,以此数据算得体积
>
> $$V = \frac{4}{3}\pi \times 43^3 = 333038.14(\text{cm}^3).$$
>
> $$\delta_V \approx 4\pi \times 43^2 \times 0.2 = 4647.0438$$
>
> $$\frac{\delta_V}{V} \approx \frac{3 \times 0.2}{43} = 0.014.$$

例 2.69 正方形边长为 2.41 ± 0.005 m,求出它的面积,并估计绝对误差与相对误差.

> 解 设正方形的边长为 x ,面积为 y ,则 $y = x^2$.
>
> 当 $x = 2.41$ 时, $y = 2.41^2 = 5.8081(\text{m}^2)$. $y'|_{x=2.41} = 2x|_{x=2.41} = 4.82$.
>
> 因为边长的绝对误差为 $\delta_x = 0.005$,所以面积的绝对误差为
>
> $$\delta_x = 4.82 \times 0.005 = 0.0241(\text{m}^2).$$
>
> 所以,面积的相对误差为 $\dfrac{\delta_y}{|y|} = \dfrac{0.0241}{5.8081} \approx 0.4\%$.

习题 2.4

1. 选择题.

（1）若函数 $f(x)$ 为可微函数,则 $\mathrm{d}y$ （　　　）.

A. 与 Δx 无关

B. 为 Δx 的线性函数

C. 当 $\Delta x \to 0$ 时为 Δx 的高阶无穷小

D. 与 Δx 等价无穷小

（2）当 $|\Delta x|$ 充分小，$f'(x_0) \neq 0$ 时，函数 $f(x)$ 的改变量 Δy 与微分 $\mathrm{d}y = f'(x_0)\Delta x$ 的关系是（　　）.

A. $\Delta y = \mathrm{d}y$　　　　　　　　　　B. $\Delta y < \mathrm{d}y$

C. $\Delta y > \mathrm{d}y$　　　　　　　　　　D. $\Delta y \approx \mathrm{d}y$

（3）设可导函数 $y = f(x)$ 在点 x_0 处 $f'(x_0) = \dfrac{1}{2}$，则当 $\Delta x \to 0$ 时，$\mathrm{d}y$ 与 Δx（　　）.

A. 是等价无穷小　　　　　　　　B. 是同阶而非等价无穷小

C. $\mathrm{d}y$ 是比 Δx 高阶的无穷小　　D. Δx 是比 $\mathrm{d}y$ 高阶的无穷小

2. 填空题.

（1）若 $y = f(x)$ 是可微函数，则当 $\Delta x \to 0$ 时，$\Delta y - \mathrm{d}y$ 是关于 Δx 的＿＿＿＿＿无穷小.

（2）设 $y = \mathrm{e}^{\frac{1}{x}}$，则 $\mathrm{d}y = $ ＿＿＿＿＿＿.

（3）① d＿＿＿＿＿ $= 5x\mathrm{d}x$；　　　② d＿＿＿＿＿ $= \sin \omega x \mathrm{d}x$；

③ d＿＿＿＿＿ $= \dfrac{1}{2+x}\mathrm{d}x$；　　④ d＿＿＿＿＿ $= \mathrm{e}^{-2x}\mathrm{d}x$；

⑤ d＿＿＿＿＿ $= \dfrac{1}{\sqrt{x}}\mathrm{d}x$.

3. 解答题.

（1）设 $y = x\sec x + \mathrm{e}^{\sin x}$，求 $\mathrm{d}y$.

（2）设 $y = \ln \cos \dfrac{1}{x}$，求 $\mathrm{d}y$.

（3）设 $y = y(x)$ 是由方程 $\mathrm{e}^x - \mathrm{e}^y = \sin(xy)$ 确定的，求 $\left. \dfrac{\mathrm{d}y}{\mathrm{d}x} \right|_{x=0}$.

4. 利用微分求下列数的近似值.

（1）$y = \sqrt[4]{15.99}$；　　　　　　　　（2）$y = \mathrm{e}^{1.001}$；

（3）$\arctan 1.01$；　　　　　　　　　　（4）$y = \sin 30°30'$.

总习题二

1. 填空题.

（1）设 $f(x)$ 在点 x_0 可导，则 $\lim\limits_{x \to x_0} \dfrac{f(x_0) - f(x)}{x - x_0} =$ _____.

（2）设 $f(x) = \sin x$，则 $f'\left(\dfrac{\pi}{6}\right) =$ _____，$f'\left(\dfrac{\pi}{4}\right) =$ _____.

（3）$y = x^2 + x - 3$ 在点 $(2, 3)$ 处的切线方程为_____.

（4）设 $y = \log_a(x^2 + 1)$，则 $y' =$ _____.

（5）设 $y = x^2 \sin 3x$，则 $y'' =$ _____.

（6）设 $f(x) = a^x$（$a > 0$ 且 $a \neq 1$），则 $f^{(n)}(x) =$ _____.

（7）$d(e^{x^2 + 1}) =$ _____.

（8）设 $y = \ln \cos x$，则 $\dfrac{dy}{dx} =$ _____.

2. 选择题.

（1）$f(x)$ 在点 x_0 处可导是 $f(x)$ 在点 x_0 处连续的（　　　）.

    A. 必要条件   B. 充分条件

    C. 充要条件   D. 无关条件

（2）下列等式中成立的是（　　　）.

    A. $\dfrac{1}{x^2} dx = d\left(-\dfrac{1}{x}\right)$ B. $\arctan x \, dx = d\left(\dfrac{1}{1 + x^2}\right)$

    C. $-\cos x \, dx = d(\sin x)$ D. $\dfrac{2}{\sqrt{x}} dx = d(\sqrt{x})$

（3）设 $y = \ln x$，则 $y'' =$（　　　）.

    A. $\dfrac{1}{x}$ B. $-\dfrac{1}{x^2}$ C. $\dfrac{1}{x^2}$ D. $-\dfrac{2}{x}$

（4）$y = \ln(1 + x)$，则 $y^{(5)} =$（　　　）.

    A. $\dfrac{4!}{(1 + x)^5}$ B. $-\dfrac{4!}{(1 + x)^5}$ C. $\dfrac{5!}{(1 + x)^5}$ D. $-\dfrac{5!}{(1 + x)^5}$

（5）设函数 $f(x)$ 在点 x_0 出的导数不存在，则曲线 $y = f(x)$（　　　）.

    A. 在点 $\left(x_0, f(x_0)\right)$ 的切线可能存在

    B. 在点 $\left(x_0, f(x_0)\right)$ 的切线必定不存在

C. 在点 x_0 处间断

D. $\lim\limits_{x \to x_0} f(x)$ 不存在

（6）d（　　）$= \dfrac{1}{1+x^2} \mathrm{d}x$.

　　A.　$\ln(1+x^2) + C$ 　　　　B.　$-\dfrac{1}{1+x}$ 　　　C.　$\arctan x$ 　　　D.　$\operatorname{arccot} x$

3. 计算下列各题的导数.

（1）$y = x^5 + 3x^4 - 7$; 　　　　　　　　（2）$y = (x^2 + 2)^2$;

（3）$y = \dfrac{1 - \sin x}{1 + \sin x}$; 　　　　　　　（4）$y = \ln(1+x^2) + \cos^2 x$.

4. 计算题.

（1）设 $f(x) = 2\cos 3x + (\cos 3x)^2$,求 $f'(0)$.

（2）设函数 $y = f(x)$ 由 $y = 1 + x\mathrm{e}^y$ 确定,求 $f'(x)$.

（3）设 $x - y^2 + x\mathrm{e}^y = 10$,求 $\dfrac{\mathrm{d}y}{\mathrm{d}x}$.

（4）已知 $y = \ln(x + \sqrt{x^2 + 1})$,求 $\dfrac{\mathrm{d}y}{\mathrm{d}x}$.

（5）设 $y = \mathrm{e}^{\sin^2 x} + \cos^2 \sqrt{x}$,求 $\mathrm{d}y$.

5. 设 $f(x)$ 在 $x = 0$ 处连续,且 $\lim\limits_{x \to 0} \dfrac{f(x)}{x} = A$,试证: $f'(0) = A$.

6. 设 $f(x) = \begin{cases} x^2, & x \leqslant \dfrac{1}{2} \\ ax + b, & x > \dfrac{1}{2} \end{cases}$,适当选择 a , b 的值,使 $f(x)$ 在 $x = \dfrac{1}{2}$ 处可导.

7. 已知 $\lim\limits_{\Delta x \to 0} \dfrac{f(2 - \Delta x) - f(2)}{\Delta x} = -1$,求曲线 $y = f(x)$ 在点（2,4）处的切线方程和法线方程.

8. 利用微分计算公式计算 $\sqrt[3]{8.024}$.

第3章 不定积分

在第2章中,我们讨论了如何求一个函数的导函数问题. 本章将讨论它的反问题,即要寻求一个可导函数,使它的导函数等于已知函数. 这是积分学的基本问题之一.

3.1 不定积分的概念与性质

1. 原函数与不定积分的概念

▶ 定义 3.1 如果在区间 I 上,可导函数 $F(x)$ 的导函数为 $f(x)$,即对任一 $x \in I$,都有

$$F'(x) = f(x) \text{ 或 } \mathrm{d}F(x) = f(x)\mathrm{d}x,$$

那么函数 $F(x)$ 就称为 $f(x)$ 在区间 I 上的原函数.

例如,因为在 $(-\infty, +\infty)$ 内,$(\sin x)' = \cos x$,故在 $(-\infty, +\infty)$ 内,$\sin x$ 是 $\cos x$ 的一个原函数.

又如,在 $(1, +\infty)$ 内,$\left[\ln\left(x + \sqrt{x^2 - 1}\right)\right]' = \dfrac{1}{\sqrt{x^2 - 1}}$,所以,在 $(1, +\infty)$ 内 $\ln\left(x + \sqrt{x^2 - 1}\right)$ 是 $\dfrac{1}{\sqrt{x^2 - 1}}$ 的一个原函数.

原函数存在定理 如果函数 $f(x)$ 在区间 I 上连续,那么在区间 I 上存在可导函数 $F(x)$,使对任一 $x \in I$ 都有

$$F'(x) = f(x).$$

简而言之:连续函数一定有原函数.

下面还要说明两点:

第一，如果 $f(x)$ 在区间 I 上有原函数，即有一个函数 $F(x)$，使对任一 $x \in I$，都有 $F'(x) = f(x)$，那么，对任何常数 C，显然也有

$$\left[F(x) + C \right]' = f(x),$$

即对任何常数 C，函数 $F(x) + C$ 也是 $f(x)$ 的原函数，这说明，如果 $f(x)$ 有一个原函数，那么 $f(x)$ 就有无限多个原函数．

第二，如果在区间 I 上 $F(x)$ 是 $f(x)$ 的一个原函数，那么 $f(x)$ 的其他原函数与 $F(x)$ 有什么关系？

设 $\Phi(x)$ 是 $f(x)$ 的另一个原函数，即对任一 $x \in I$ 有

$$\Phi'(x) = f(x),$$

于是

$$\left[\Phi(x) - F(x) \right]' = \Phi'(x) - F'(x) = f(x) - f(x) = 0.$$

在一个区间上导数恒为零的函数必为常数，所以

$$\Phi(x) - F(x) = C_0 \quad (\text{C_0 为某个常数}).$$

这表明 $\Phi(x)$ 与 $F(x)$ 只差一个常数．因此，当 C 为任意常数时，表达式

$$F(x) + C$$

就可表示 $f(x)$ 的任意一个原函数．也就是说，$f(x)$ 的全体原函数所组成的集合，就是函数族

$$\{ F(x) + C \mid -\infty < C < +\infty \}.$$

◀ 定义 3.2　在区间 I 上，函数 $f(x)$ 的带有任意常数项的原函数称为 $f(x)$ 在区间 I 上的不定积分，记作

$$\int f(x) \mathrm{d}x,$$

其中记号 $\int$ 称为积分号，$f(x)$ 称为被积函数，$f(x) \mathrm{d}x$ 称为被积表达式，x 称为积分变量．

如果 $F(x)$ 是 $f(x)$ 在区间 I 上的一个原函数，那么 $F(x) + C$ 就是 $f(x)$ 的不定积分，即

$$\int f(x) \mathrm{d}x = F(x) + C.$$

注意：不定积分 $\int f(x) \mathrm{d}x$ 可以表示 $f(x)$ 的任意一个原函数．

例 3.1　求 $\int x \mathrm{d}x$．

解　因为 $\left(\dfrac{x^2}{2}\right)' = x$，所以 $\displaystyle\int x\mathrm{d}x = \dfrac{x^2}{2} + C.$

例 3.2　求 $\displaystyle\int \dfrac{1}{x}\mathrm{d}x.$

解　当 $x > 0$ 时，由于 $(\ln x)' = \dfrac{1}{x}$，所以

$$\int \frac{1}{x}\mathrm{d}x = \ln x + C$$

当 $x < 0$ 时，由于 $[\ln(-x)]' = \dfrac{1}{-x}\cdot(-1) = \dfrac{1}{x}$，所以

$$\int \frac{1}{x}\mathrm{d}x = \ln(-x) + C$$

综上可得

$$\int \frac{1}{x}\mathrm{d}x = \ln|x| + C.$$

例 3.3　求经过点 $(1,3)$，且其切线的斜率为 $3x^2$ 的曲线方程.

解　由 $\displaystyle\int 3x^2\mathrm{d}x = x^3 + C$ 得曲线簇 $y = x^3 + C.$

将 $x = 1$，$y = 3$ 代入，得 $C = 2$．所以

$$y = x^3 + 2$$

为所求曲线.

2. 不定积分的性质

性质 1　$\left(\displaystyle\int f(x)\mathrm{d}x\right)' = f(x)$ 或 $\mathrm{d}\left(\displaystyle\int f(x)\mathrm{d}x\right) = f(x)\mathrm{d}x$，

$\displaystyle\int f'(x)\mathrm{d}x = f(x) + C$ 或 $\displaystyle\int \mathrm{d}f(x) = f(x) + C$

由此可见，微分运算（以记号 d 表示）与求不定积分的运算（简称积分运算，以记号 $\displaystyle\int$ 表示）是互逆的．当记号 $\displaystyle\int$ 与 d 连在一起时，或者抵消，或者抵消后差一个常数.

性质 2　两个函数代数和的不定积分等于每个函数不定积分的代数和，即

$$\int [f(x) \pm g(x)]\mathrm{d}x = \int f(x)\mathrm{d}x \pm \int g(x)\mathrm{d}x.$$

性质 3　被积函数中的非零常数因子可以提到积分号外面,即

$$\int kf(x)\mathrm{d}x = k \int f(x)\mathrm{d}x, \quad k \neq 0.$$

3.　基本积分公式

因为微分运算与积分运算互为逆运算,所以由基本导数公式或基本微分公式,可得基本积分公式. 这些公式是计算不定积分的基础,必须熟练掌握.

（1）$\int k\mathrm{d}x = kx + C$（ k 为常数 ）；

（2）$\int x^{\mu}\mathrm{d}x = \dfrac{x^{\mu+1}}{\mu+1} + C(\mu \neq -1)$；

（3）$\int \dfrac{\mathrm{d}x}{x} = \ln|x| + C$；

（4）$\int \dfrac{\mathrm{d}x}{1+x^2} = \arctan x + C$；

（5）$\int \dfrac{\mathrm{d}x}{\sqrt{1-x^2}} = \arcsin x + C$；

（6）$\int \cos x\mathrm{d}x = \sin x + C$；

（7）$\int \sin x\mathrm{d}x = -\cos x + C$；

（8）$\int \dfrac{\mathrm{d}x}{\cos^2 x} = \int \sec^2 x\mathrm{d}x = \tan x + C$；

（9）$\int \dfrac{\mathrm{d}x}{\sin^2 x} = \int \csc^2 x\mathrm{d}x = -\cot x + C$；

（10）$\int \sec x \tan x\mathrm{d}x = \sec x + C$；

（11）$\int \csc x \cot x\mathrm{d}x = -\csc x + C$；

（12）$\int \mathrm{e}^x\mathrm{d}x = \mathrm{e}^x + C$；

（13）$\int a^x\mathrm{d}x = \dfrac{a^x}{\ln a} + C$.

这些基本积分公式的正确性可通过对等式右端的函数求导,看它是否等于左端的被积函数来验证.

例 3.4　求 $\int (3x^2 - 2x + 1)\mathrm{d}x.$

解　$\int (3x^2 - 2x + 1)\mathrm{d}x = \int 3x^2\mathrm{d}x - \int 2x\mathrm{d}x + \int \mathrm{d}x$

$\qquad = 3\int x^2\mathrm{d}x - 2\int x\mathrm{d}x + \int \mathrm{d}x = x^3 - x^2 + x + C.$

例 3.5 求 $\int \sqrt{x} \cdot (x^2 - 5)\mathrm{d}x$.

解
$$\int \sqrt{x} \cdot (x^2 - 5)\mathrm{d}x = \int \left(x^{\frac{5}{2}} - 5x^{\frac{1}{2}} \right)\mathrm{d}x$$
$$= \int x^{\frac{5}{2}}\mathrm{d}x - 5\int x^{\frac{1}{2}}\mathrm{d}x$$
$$= \frac{2}{7}x^{\frac{7}{2}} - 5 \cdot \frac{2}{3}x^{\frac{3}{2}} + C$$
$$= \frac{2}{7}x^3 \cdot \sqrt{x} - \frac{10}{3}x \cdot \sqrt{x} + C$$

例 3.6 求 $\int \dfrac{(x-1)^3}{x^2}\mathrm{d}x$.

解
$$\int \frac{(x-1)^3}{x^2}\mathrm{d}x = \int \frac{x^3 - 3x^2 + 3x - 1}{x^2}\mathrm{d}x$$
$$= \int \left(x - 3 + \frac{3}{x} - \frac{1}{x^2} \right)\mathrm{d}x$$
$$= \int x\mathrm{d}x - 3\int \mathrm{d}x + 3\int \frac{1}{x}\mathrm{d}x - \int \frac{1}{x^2}\mathrm{d}x$$
$$= \frac{1}{2}x^2 - 3x + 3\ln|x| + \frac{1}{x} + C$$

例 3.7 求 $\int \dfrac{x^2}{1+x^2}\mathrm{d}x$.

解 $\int \dfrac{x^2}{1+x^2}\mathrm{d}x = \int \dfrac{1+x^2-1}{1+x^2}\mathrm{d}x = \int \left(1 - \dfrac{1}{1+x^2} \right)\mathrm{d}x = x - \arctan x + C$

例 3.8 求 $\int 2^x \cdot \mathrm{e}^x \mathrm{d}x$.

解 $\int 2^x \cdot \mathrm{e}^x \mathrm{d}x = \int (2\mathrm{e})^x \mathrm{d}x = \dfrac{(2\mathrm{e})^x}{\ln(2\mathrm{e})} + C = \dfrac{2^x \cdot \mathrm{e}^x}{1 + \ln 2} + C$

例 3.9 求 $\int \dfrac{1+x+x^2}{x(1+x^2)}\mathrm{d}x$.

解 $\int \dfrac{1+x+x^2}{x(1+x^2)}\mathrm{d}x = \int \left(\dfrac{1}{x} + \dfrac{1}{1+x^2} \right)\mathrm{d}x = \ln|x| + \arctan x + C$

例 3.10　求 $\int \tan^2 x \mathrm{d}x$.

解　$\int \tan^2 x \mathrm{d}x = \int (\sec^2 x - 1)\mathrm{d}x = \tan x - x + C$.

例 3.11　求 $\int \dfrac{1}{1+x}\mathrm{d}x\,(x > -1)$.

解　$\int \dfrac{1}{1+x}\mathrm{d}x = \int \left[l_n(1+x) \right]\mathrm{d}x$

　　　　　　$= l_n(1+x) + C$

思考：当 $x < -1$ 时，结果如何呢？

例 3.12　求 $\int \dfrac{x^2}{1+x}\mathrm{d}x\,(x \neq -1)$.

解　$\int \dfrac{x^2}{1+x}\mathrm{d}x = \int \dfrac{x^2-1+1}{1+x}\mathrm{d}x = \int \left[(x-1) + \dfrac{1}{1+x} \right]\mathrm{d}x$

　　　　　　$= \dfrac{1}{2}x^2 - x + \ln|1+x| + C$

习题 3.1

1. 求下列函数的一个原函数.

（1）$x^2 - 1$；　　　　（2）$\dfrac{1}{x}$；　　　（3）3^x；　　　（4）$2\cos x$.

2. 求下列函数的全体原函数.

（1）0；　　　　　（2）$x^2 - \sqrt{x}$；　（3）$x^{12} - 1$；　（4）$(\dfrac{x+1}{x})^2$.

3. 一条曲线过点 $\left(\dfrac{\pi}{6}, \dfrac{1}{2} \right)$，且在任意一点的切线的斜率为 $\cos x$，求该曲线的

方程.

4. 设 $F(x)$ 是 $\dfrac{\sin x}{x}$ 的一个原函数，求 $\mathrm{d}F(\sqrt{x})$.

5. 计算下列不定积分：

（1）$\int (x^3 + 3x^2 + 1)\mathrm{d}x$；　　　　　　（2）$\int (10^x + \cot^2 x)\mathrm{d}x$；

（3）$\int e^{x-3}dx$；　　　　　　　　（4）$\int x^2\sqrt{x}dx$；

（5）$\int 3^x e^x dx$；　　　　　　　　（6）$\int \dfrac{x^2+1}{\sqrt{x}}dx$；

（7）$\int \dfrac{(x-1)^3}{x^2}dx$；　　　　　（8）$\int \dfrac{1+2x^2}{x^2(1+x^2)}dx$；

6．一名跳伞运动员在打开降落伞以前做自由落体运动，已知降落的速度为 $v=gt$（$g\approx 9.8\,\text{m/s}^2$），若他从 3000m 高空起跳，为了让地面观众能够清楚地看到他的表演，预定让他在离地面 500m 处的高度打开降落伞，问他在空中做自由落体运动的时间有多长？

3.2　换元积分法

利用基本积分表与积分的性质，所能计算的不定积分是非常有限的．因此，有必要进一步来研究不定积分的求法．本节把复合函数的微分法反过来用于求不定积分，利用中间变量的代换，得到复合函数的积分法，称为换元积分法，简称换元法．换元法通常分成两类，下面先讲第一类换元法．

1．第一类换元积分法（凑微分法）

➡ 定理 3.1　设函数 $f(u)$ 具有原函数 $F(u)$，即 $\int f(u)du=F(u)+C$，若 $u=\varphi(x)$ 为可导函数，则有换元公式

$$\int f[\varphi(x)]\varphi'(x)dx=\int f[\varphi(x)]d\varphi(x)=\int f(u)du$$
$$=F(u)+C=F[\varphi(x)]+C.$$

称为第一类换元积分法．

证明　由 $F(u)$ 是 $f(u)$ 的原函数可知，$F'(u)=f(u)$．于是由复合函数求导法则有

$$\{F[\varphi(x)]\}'=\frac{dF}{du}\cdot\frac{du}{dx}=f(u)\varphi'(x)=f[\varphi(x)]\varphi'(x).$$

因此 $F[\varphi(x)]$ 是函数 $f[\varphi(x)]\varphi'(x)$ 的原函数，公式成立．

注意：由 $\varphi'(x)dx$ 到微分 $d\varphi(x)$ 的过程称为凑微分，是解题的关键，也是难点之所在，因此第一类换元积分法有时也称为凑微分法．

例 3.13　求 $\int 3\sin 3x\mathrm{d}x$.

解　令 $u = 3x$，即 $\mathrm{d}x = \dfrac{1}{3}\mathrm{d}u$

$$\int 3\sin 3x\mathrm{d}x = \int \sin u\mathrm{d}u = -\cos u + C = -\cos 3x + C.$$

例 3.14　求 $\int \dfrac{1}{3-2x}\mathrm{d}x$.

解　令 $u = 3 - 2x$，则 $\mathrm{d}x = -\dfrac{1}{2}\mathrm{d}u$

$$\int \frac{1}{3-2x}\mathrm{d}x = -\frac{1}{2}\int \frac{\mathrm{d}u}{u} = -\frac{1}{2}\ln|u| + C = -\frac{1}{2}\ln|3-2x| + C$$

在对变量代换比较熟练以后，就不一定写出中间变量 u.

例 3.15　求 $\int \dfrac{1}{x^2}\mathrm{e}^{\frac{1}{x}}\mathrm{d}x$.

解　$\displaystyle\int \frac{1}{x^2}\mathrm{e}^{\frac{1}{x}}\mathrm{d}x = -\int \mathrm{e}^{\frac{1}{x}}\mathrm{d}\left(\frac{1}{x}\right) = -\mathrm{e}^{\frac{1}{x}} + C.$

例 3.16　求 $\int \tan x\mathrm{d}x$.

解　$\displaystyle\int \tan x\mathrm{d}x = \int \frac{\sin x}{\cos x}\mathrm{d}x = -\int \frac{\mathrm{d}(\cos x)}{\cos x} = -\ln|\cos x| + C = \ln|\sec x| + C$

同样

$$\int \cot x\mathrm{d}x = \int \frac{\cos x}{\sin x}\mathrm{d}x = \int \frac{\mathrm{d}(\sin x)}{\sin x} = \ln|\sin x| + C.$$

例 3.17　求 $\int \dfrac{1}{\sqrt[3]{5x-2}}\mathrm{d}x$.

解　$\displaystyle\int \frac{1}{\sqrt[3]{5x-2}}\mathrm{d}x = \frac{1}{5}\int (5x-2)^{-\frac{1}{3}}\mathrm{d}(5x-2) = \frac{3}{10}(5x-2)^{\frac{2}{3}} + C.$

例 3.18　求 $\int x\sqrt{1-x^2}\mathrm{d}x$.

解　$\displaystyle\int x\sqrt{1-x^2}\mathrm{d}x = -\frac{1}{2}\int \sqrt{1-x^2}\mathrm{d}(1-x^2) = -\frac{1}{3}(1-x^2)^{\frac{3}{2}} + C.$

例 3.19　求 $\int \dfrac{1}{a^2+x^2}\mathrm{d}x$ （$a\neq 0$）.

解　$\displaystyle\int \frac{1}{a^2+x^2}\mathrm{d}x = \frac{1}{a^2}\int \frac{1}{1+\left(\frac{x}{a}\right)^2}\mathrm{d}x = \frac{1}{a}\int \frac{1}{1+\left(\frac{x}{a}\right)^2}\mathrm{d}\!\left(\frac{x}{a}\right)$

$$= \frac{1}{a}\arctan\frac{x}{a}+C.$$

例 3.20　求 $\int \dfrac{\mathrm{d}x}{\sqrt{a^2-x^2}}$ （$a>0$）.

解　$\displaystyle\int \frac{\mathrm{d}x}{\sqrt{a^2-x^2}} = \frac{1}{a}\int \frac{\mathrm{d}x}{\sqrt{1-\left(\frac{x}{a}\right)^2}} = \int \frac{\mathrm{d}\!\left(\frac{x}{a}\right)}{\sqrt{1-\left(\frac{x}{a}\right)^2}}$

$$= \arcsin\frac{x}{a}+C.$$

例 3.21　求 $\int \dfrac{1}{x^2-a^2}\mathrm{d}x$ （$a\neq 0$）.

解　由于

$$\frac{1}{x^2-a^2} = \frac{1}{2a}\left(\frac{1}{x-a}-\frac{1}{x+a}\right),$$

所以

$$\int \frac{1}{x^2-a^2}\mathrm{d}x = \frac{1}{2a}\int\left(\frac{1}{x-a}-\frac{1}{x+a}\right)\mathrm{d}x$$
$$= \frac{1}{2a}\left(\int \frac{1}{x-a}\mathrm{d}x - \int \frac{1}{x+a}\mathrm{d}x\right)$$
$$= \frac{1}{2a}\left[\int \frac{1}{x-a}\mathrm{d}(x-a) - \int \frac{1}{x+a}\mathrm{d}(x+a)\right]$$
$$= \frac{1}{2a}(\ln|x-a|-\ln|x+a|)+C$$
$$= \frac{1}{2a}\ln\left|\frac{x-a}{x+a}\right|+C.$$

例 3.22 求 $\int \sin^2 x \cos x \, dx$.

解 $\int \sin^2 x \cos x \, dx = \int \sin^2 x \, d(\sin x) = \dfrac{1}{3} \sin^3 x + C$.

例 3.23 求 $\int \cos^2 x \, dx$.

解
$$\int \cos^2 x \, dx = \frac{1}{2} \int (1 + \cos 2x) \, dx = \frac{1}{2} \left(\int dx + \int \cos 2x \, dx \right)$$

$$= \frac{1}{2} \int dx + \frac{1}{4} \int \cos 2x \, d(2x)$$

$$= \frac{x}{2} + \frac{\sin 2x}{4} + C.$$

同理可得

$$\int \sin^2 x \, dx = \frac{x}{2} - \frac{\sin 2x}{4} + C.$$

一般地，若被积函数为 $\sin^m x \cos^n x$ 型，则当 m 或 n 中有一个为正奇数时，拆开奇数项凑微分；当 m 与 n 都是偶数时，则常用半角公式通过降低幂次来计算.

2. 第二类换元法（变量代换法）

在第一类换元积分法中是通过代换 $u = \varphi(x)$，将积分 $\int f[\varphi(x)] \varphi'(x) \, dx$ 化为积分 $\int f(u) \, du$. 而第二类换元法的思路是若积分 $\int f(x) \, dx$ 不易计算，则可作适当的变量代换 $x = \varphi(t)$，把原积分化为 $\int f[\varphi(t)] \varphi'(t) \, dt$，从而简化积分计算.

➙ 定理 3.2 设 $x = \varphi(t)$ 是单调可导函数，且有反函数 $t = \varphi^{-1}(x)$ 与 $\varphi'(t) \neq 0$. 又设 $\int f[\varphi(t)] \varphi'(t) \, dt$ 具有原函数 $\Phi(t)$，即 $\int f[\varphi(t)] \varphi'(t) \, dt = \Phi(t) + C$，则有换元公式

$$\int f(x) \, dx = \int f[\varphi(t)] \varphi'(t) \, dt = \Phi(t) + C = \Phi[\varphi^{-1}(x)] + C$$

称为第二类换元积分法.

证明 令 $F(x) = \Phi[\varphi^{-1}(x)]$，由复合函数与反函数求导法则有

$$F'(x) = \frac{d\Phi(t)}{dt} \cdot \frac{dt}{dx} = f[\varphi(t)] \varphi'(t) \cdot \frac{1}{\varphi'(t)} = f[\varphi(t)] = f(x),$$

即 $F(x)$ 是函数 $f(x)$ 的原函数，所以等式成立.

例 3.24 求 $\int \dfrac{1}{1+\sqrt{x}}\mathrm{d}x$.

解 令 $t=\sqrt{x}$, 于是 $x=t^2$, $\mathrm{d}x=2t\mathrm{d}t$.

所以

$$\int \frac{1}{1+\sqrt{x}}\mathrm{d}x=\int \frac{2t}{1+t}\mathrm{d}t=\int \frac{2(t+1)-2}{1+t}\mathrm{d}t$$

$$=\int \left(2-\frac{2}{1+t}\right)\mathrm{d}t=2t-2\ln|1+t|+C$$

$$=2\sqrt{x}-2\ln(1+\sqrt{x})+C.$$

例 3.25 求 $\int \dfrac{\mathrm{d}x}{\sqrt{x}+\sqrt[3]{x^2}}$.

解 令 $t=\sqrt[6]{x}$, 则 $x=t^6$, $\mathrm{d}x=6t^5\mathrm{d}t$,

所以

$$\int \frac{\mathrm{d}x}{\sqrt{x}+\sqrt[3]{x^2}}=\int \frac{6t^5\mathrm{d}t}{t^3+t^4}=6\int \frac{t^2}{1+t}\mathrm{d}t=6\int \frac{t^2-1+1}{1+t}\mathrm{d}t$$

$$=6\int (t-1)\mathrm{d}t+6\int \frac{\mathrm{d}t}{1+t}$$

$$=3t^2-6t+6\ln|t+1|+C$$

$$=3x^{\frac{1}{3}}-6x^{\frac{1}{6}}+6\ln\left|x^{\frac{1}{6}}+1\right|+C.$$

例 3.26 求 $\int \sqrt{\mathrm{e}^x-1}\,\mathrm{d}x$.

解 令 $\sqrt{\mathrm{e}^x-1}=t$, 则 $x=\ln(t^2+1)$, $\mathrm{d}x=\dfrac{2t\mathrm{d}t}{t^2+1}$,

所以

$$\int \sqrt{\mathrm{e}^x-1}\,\mathrm{d}x=\int t\cdot \frac{2t\mathrm{d}t}{t^2+1}=2\int \left(1-\frac{1}{t^2+1}\right)\mathrm{d}t=2(t-\arctan t)+C$$

$$=2\sqrt{\mathrm{e}^x-1}-2\arctan\sqrt{\mathrm{e}^x-1}+C.$$

在被积表达式中含有 $\sqrt{a^2+x^2}$, $\sqrt{a^2-x^2}$, $\sqrt{x^2-a^2}$ 形式时,常通过适当的代换去掉根号,一般方法如下:

(1)若被积函数中含有 $\sqrt{a^2-x^2}$,则设 $x=a\sin t$;

（2）若被积函数中含有 $\sqrt{a^2+x^2}$ ，则设 $x=a\tan t$ ；

（3）若被积函数中含有 $\sqrt{x^2-a^2}$ ，则设 $x=a\sec t$.

例 3.27　求 $\int\sqrt{a^2-x^2}\,\mathrm{d}x$ （ $a>0$ ） .

解　设 $x=a\sin t$ ， $t\in\left[-\dfrac{\pi}{2},\dfrac{\pi}{2}\right]$ ，则 $\mathrm{d}x=a\cos t\,\mathrm{d}t$ ，

有

$$\sqrt{a^2-x^2}=\sqrt{a^2-a^2\sin^2 t}=a\cos t,$$

于是

$$\int\sqrt{a^2-x^2}\,\mathrm{d}x=\int a\cos t\cdot a\cos t\,\mathrm{d}t=a^2\int\cos^2 t\,\mathrm{d}t$$

$$=a^2\int\frac{1+\cos 2t}{2}\,\mathrm{d}t=\frac{a^2}{2}\left[t+\frac{1}{2}\sin 2t\right]+C$$

$$=\frac{a^2}{2}\left[t+\sin t\cdot\cos t\right]+C$$

$$=\frac{a^2}{2}\left[t+\sin t\cdot\sqrt{1-\sin^2 t}\right]+C$$

$$=\frac{a^2}{2}\left[\frac{x}{a}\cdot\sqrt{1-\left(\frac{x}{a}\right)^2}+\arcsin\frac{x}{a}\right]+C$$

$$=\frac{x}{2}\cdot\sqrt{a^2-x^2}+\frac{a^2}{2}\arcsin\frac{x}{a}+C.$$

例 3.28　求 $\int\dfrac{\mathrm{d}x}{\sqrt{x^2+a^2}}$ （ $a>0$ ）.

解　设 $x=a\tan t$ ， $t\in\left(-\dfrac{\pi}{2},\dfrac{\pi}{2}\right)$ ，则 $\mathrm{d}x=a\sec^2 t\,\mathrm{d}t$ ，

有

$$\sqrt{x^2+a^2}=\sqrt{a^2\tan^2 t+a^2}=a\sec t,$$

于是

$$\int\frac{\mathrm{d}x}{\sqrt{x^2+a^2}}=\int\frac{a\sec^2 t}{a\sec t}\,\mathrm{d}t=\int\sec t\,\mathrm{d}t=\ln|\sec t+\tan t|+C_1,$$

为了把 $\sec t$ 及 $\tan t$ 换成 x 的函数，可以根据 $\tan t=\dfrac{x}{a}$ 作辅助三角形

（图 3.1），有

$$\sec t = \frac{\sqrt{x^2 + a^2}}{a}.$$

因此

$$\int \frac{\mathrm{d}x}{\sqrt{x^2 + a^2}} = \ln \left| \frac{x}{a} + \frac{\sqrt{a^2 + x^2}}{a} \right| + C_1 = \ln \left| x + \sqrt{x^2 + a^2} \right| + C,$$

其中 $C = C_1 - \ln a$.

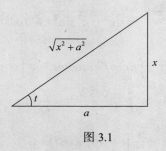

图 3.1

例 3.29　求 $\displaystyle\int \frac{\mathrm{d}x}{\sqrt{x^2 - a^2}}$（$a > 0$）.

解　令 $x = a\sec t$, $t \in \left(0, \dfrac{\pi}{2}\right) \cup \left(\dfrac{\pi}{2}, \pi\right)$，则 $\mathrm{d}x = a\sec t \cdot \tan t\,\mathrm{d}t$，

有

$$\sqrt{x^2 - a^2} = \sqrt{a^2\sec^2 t - a^2} = a\tan t,$$

于是 $\displaystyle\int \frac{\mathrm{d}x}{\sqrt{x^2 - a^2}} = \int \frac{a\sec t\tan t}{a\tan t}\,\mathrm{d}t = \int \sec t\,\mathrm{d}t = \ln|\sec t + \tan t| + C_1$.

为了把 $\sec t$ 及 $\tan t$ 换成 x 的函数，可以根据 $\sec t = \dfrac{x}{a}$ 作辅助三角形（图 3.2），有

$$\tan t = \frac{\sqrt{x^2 - a^2}}{a}.$$

因此

$$\int \frac{\mathrm{d}x}{\sqrt{x^2 - a^2}} = \ln \left| \frac{x}{a} + \frac{\sqrt{x^2 - a^2}}{a} \right| + C_1$$

$$= \ln \left| x + \sqrt{x^2 - a^2} \right| + C,$$

其中 $C = C_1 - \ln a$.

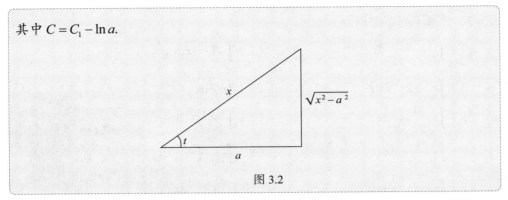

图 3.2

在本节的例题中,有几个积分是以后经常会遇到的,所以它们通常也被当作公式使用. 这样常用的积分公式,除了基本积分表中的几个外,再添加下面几个(其中常数 $a > 0$):

(1) $\displaystyle\int \tan x \mathrm{d}x = -\ln|\cos x| + C$;

(2) $\displaystyle\int \cot x \mathrm{d}x = \ln|\sin x| + C$;

(3) $\displaystyle\int \sec x \mathrm{d}x = \ln|\sec x + \tan x| + C$;

(4) $\displaystyle\int \csc x \mathrm{d}x = \ln|\csc x - \cot x| + C$;

(5) $\displaystyle\int \frac{1}{a^2 + x^2} \mathrm{d}x = \frac{1}{a} \arctan \frac{x}{a} + C$;

(6) $\displaystyle\int \frac{1}{x^2 - a^2} \mathrm{d}x = \frac{1}{2a} \ln\left|\frac{x-a}{x+a}\right| + C$;

(7) $\displaystyle\int \frac{1}{\sqrt{a^2 - x^2}} \mathrm{d}x = \arcsin \frac{x}{a} + C$;

(8) $\displaystyle\int \frac{1}{\sqrt{x^2 \pm a^2}} \mathrm{d}x = \ln\left|x + \sqrt{x^2 \pm a^2}\right| + C$.

习题 3.2

1. 在下列各式等号右端的空白处填入适当的系数,使等式成立.

(1) $x\mathrm{d}x = \underline{\quad} \mathrm{d}(x^2)$;

(2) $\mathrm{d}x = \underline{\quad} \mathrm{d}(7x - 3)$;

(3) $x\mathrm{d}x = \underline{\quad} \mathrm{d}(1 - x^2)$;

(4) $\mathrm{e}^{-2x}\mathrm{d}x = \underline{\quad} \mathrm{d}(\mathrm{e}^{-2x} + 1)$;

(5) $\sin 3x \mathrm{d}x = \underline{\quad} \mathrm{d}(\cos 3x)$;

(6) $\dfrac{1}{x}\mathrm{d}x = \underline{\quad} \mathrm{d}(3 - 5\ln|x|)$;

(7) $\dfrac{\mathrm{d}x}{\sqrt{1 - x^2}} = \underline{\quad} \mathrm{d}(1 - \arcsin x)$;

(8) $\dfrac{x\mathrm{d}x}{\sqrt{1 - x^2}} = \underline{\quad} \mathrm{d}(\sqrt{1 - x^2})$.

2. 计算下列不定积分.

（1）$\int \dfrac{1}{(2x+3)^9}\,\mathrm{d}x$；

（2）$\int \sqrt{1-3x}\,\mathrm{d}x$；

（3）$\int \mathrm{e}^x + 2\mathrm{e}^{2x}\,\mathrm{d}x$；

（4）$\int \mathrm{e}^{-\frac{x}{2}}\,\mathrm{d}x$；

（5）$\int \dfrac{1}{\sqrt{2-3x}}\,\mathrm{d}x$；

（6）$\int \dfrac{x}{3-2x^2}\,\mathrm{d}x$；

（7）$\int \dfrac{1}{1-4x^2}\,\mathrm{d}x$；

（8）$\int \dfrac{x}{(1+3x^2)^2}\,\mathrm{d}x$；

（9）$\int \dfrac{2x-3}{x^2-3x+8}\,\mathrm{d}x$；

（10）$\int x^2 \mathrm{e}^{-x^3}\,\mathrm{d}x$；

（11）$\int \dfrac{\mathrm{d}t}{t\ln t}$；

（12）$\int \dfrac{1}{1+\sin x}\,\mathrm{d}x$；

（13）$\int \dfrac{1}{x^2-x-2}\,\mathrm{d}x$；

（14）$\int \dfrac{\mathrm{d}x}{4x^2+4x+5}$；

（15）$\int \dfrac{\mathrm{d}x}{\sqrt{5-2x-x^2}}$；

（16）$\int \dfrac{1+\ln x}{(x\ln x)^2}\,\mathrm{d}x$；

（17）$\int \dfrac{\arctan x}{1+x^2}\,\mathrm{d}x$；

（18）$\int \dfrac{\cos x}{1+\sin x}\,\mathrm{d}x$；

（19）$\int \dfrac{\mathrm{e}^x}{1+\mathrm{e}^{2x}}\,\mathrm{d}x$；

（20）$\int \mathrm{e}^{\cos x}\sin x\,\mathrm{d}x$；

（21）$\int \dfrac{x^2}{\sqrt{4-x^2}}\,\mathrm{d}x$；

（22）$\int \dfrac{\mathrm{d}x}{x\sqrt{x^2+4}}$；

（23）$\int \dfrac{\mathrm{d}x}{x+\sqrt{1-x^2}}$；

（24）$\int \dfrac{x^3+1}{(x^2+1)^2}\,\mathrm{d}x$.

3.3 分部积分法

设函数 $u=u(x)$，$v=v(x)$ 具有连续导数，由两个函数乘积微分法有

$$\mathrm{d}(uv) = u\mathrm{d}v + v\mathrm{d}u .$$

两边同时取不定积分有

$$\int \mathrm{d}(uv) = \int u\mathrm{d}v + \int v\mathrm{d}u .$$

即

$$uv = \int u\mathrm{d}v + \int v\mathrm{d}u ,$$

移项，有

$$\int u\mathrm{d}v = uv - \int v\mathrm{d}u.$$

这个公式叫作分部积分公式，当积分 $\int u\mathrm{d}v$ 不易计算，而积分 $\int v\mathrm{d}u$ 比较容易计算时，

就可以使用这个公式.

运用分部积分公式时,恰当选取 u 和 v' 是关键. 一般情况下, u 和 v' 可以按"反、对、幂、指、三"的顺序来确定. 具体地说,如果被积函数是两类基本初等函数的乘积,则依反三角函数、对数函数、幂函数、指数函数、三角函数的顺序,将排在前面的选作 u,排在后面的选作 v'.

例 3.30 求 $\int x\sin x\mathrm{d}x$.

解 设 $u=x$, $\mathrm{d}v=\sin x\mathrm{d}x=\mathrm{d}(-\cos x)$

则
$$\mathrm{d}u=\mathrm{d}x,\ v=-\cos x$$

于是应用分部积分公式,得
$$\int x\sin x\mathrm{d}x=-x\cos x-\int(-\cos x)\mathrm{d}x$$
$$=-x\cos x+\sin x+C$$

例 3.31 求 $\int x\mathrm{e}^x\mathrm{d}x$.

解 设 $u=x$, $\mathrm{d}v=\mathrm{e}^x\mathrm{d}x=\mathrm{d}\mathrm{e}^x$

则
$$\mathrm{d}u=\mathrm{d}x,\ v=\mathrm{e}^x$$

应用分部积分公式,得
$$\int x\mathrm{e}^x\mathrm{d}x=x\mathrm{e}^x-\int\mathrm{e}^x\mathrm{d}x=x\mathrm{e}^x-\mathrm{e}^x+C$$

当分部积分公式用熟后,函数 u 和 v' 选取的过程可以不必写出来.

例 3.32 求 $\int\arcsin x\mathrm{d}x$.

解
$$\int\arcsin x\mathrm{d}x=x\arcsin x-\int x\mathrm{d}\arcsin x$$
$$=x\arcsin x-\int\frac{x}{\sqrt{1-x^2}}\mathrm{d}x$$
$$=x\arcsin x+\frac{1}{2}\int\frac{1}{\sqrt{1-x^2}}\mathrm{d}(1-x^2)$$
$$=x\arcsin x+\sqrt{1-x^2}+C.$$

例 3.33　求 $\int e^x \sin x dx$.

解
$$\int e^x \sin x dx = \int \sin x de^x = e^x \sin x - \int e^x \cos x dx$$

$$= e^x \sin x - \int \cos x de^x$$

$$= e^x \sin x - (e^x \cos x + \int e^x \sin x dx)$$

$$= e^x \sin x - e^x \cos x - \int e^x \sin x dx$$

移项，得

$$2\int e^x \sin x dx = e^x(\sin x - \cos x) + 2C$$

所以

$$\int e^x \sin x dx = \frac{1}{2} e^x(\sin x - \cos x) + C.$$

例 3.34　求 $\int x^2 \ln x dx$.

解
$$\int x^2 \ln x dx = \frac{1}{3} \int \ln x dx^3 = \frac{1}{3} x^3 \ln x - \frac{1}{3} \int x^3 d \ln x$$

$$= \frac{1}{3} x^3 \ln x - \frac{1}{3} \int x^2 dx$$

$$= \frac{1}{3} x^3 \ln x - \frac{1}{9} x^3 + C.$$

例 3.35　求 $\int e^{\sqrt{x}} dx$.

解　设 $\sqrt{x} = t$，则 $x = t^2$，$dx = 2t dt$，于是

$$\int e^{\sqrt{x}} dx = 2 \int t e^t dt = 2 \int t de^t = 2(te^t - \int e^t dt)$$

$$= 2(te^t - e^t) + C = 2e^{\sqrt{x}}(\sqrt{x} - 1) + C.$$

例 3.36　求 $\int \sec^3 x dx$.

解
$$\int \sec^3 x dx = \int \sec x \cdot \sec^2 x dx = \int \sec x d \tan x$$

$$= \sec x \tan x - \int \sec x \tan^2 x dx$$

$$= \sec x \tan x - \int \sec x (\sec^2 x - 1) dx$$

$$= \sec x \tan x - \int \sec^3 x \mathrm{d}x + \int \sec x \mathrm{d}x$$

$$= \sec x \tan x + \ln|\sec x + \tan x| - \int \sec^3 x \mathrm{d}x$$

移项同时除以 2 得

$$\int \sec^3 x \mathrm{d}x = \frac{1}{2}\Big[\sec x \tan x + \ln|\sec x + \tan x|\Big] + C.$$

例 3.37　求 $\int \dfrac{\arctan \mathrm{e}^x}{\mathrm{e}^x}\mathrm{d}x$.

解　$\displaystyle\int \frac{\arctan \mathrm{e}^x}{\mathrm{e}^x}\mathrm{d}x = -\int \arctan \mathrm{e}^x \mathrm{d}\mathrm{e}^{-x}$

$$= -\mathrm{e}^{-x}\arctan \mathrm{e}^x + \int \mathrm{e}^{-x}\frac{\mathrm{e}^x}{1+\mathrm{e}^{2x}}\mathrm{d}x$$

$$= -\mathrm{e}^{-x}\arctan \mathrm{e}^x + \int \frac{1+\mathrm{e}^{2x}-\mathrm{e}^{2x}}{1+\mathrm{e}^{2x}}\mathrm{d}x$$

$$= -\mathrm{e}^{-x}\arctan \mathrm{e}^x + x - \frac{1}{2}\ln(1+\mathrm{e}^{2x}) + C.$$

习题 3.3

求下列不定积分：

（1）$\int x \sin 2x \mathrm{d}x$；

（2）$\int x \ln(x-1)\mathrm{d}x$；

（3）$\int x \cos^2 x \mathrm{d}x$；

（4）$\int x \sec^2 x \mathrm{d}x$；

（5）$\int \ln x \mathrm{d}x$；

（6）$\int \dfrac{\ln x}{x^2}\mathrm{d}x$；

（7）$\int \ln(1+x^2)\mathrm{d}x$；

（8）$\int (x^2+2)\cos x \mathrm{d}x$；

（9）$\int x \arctan x \mathrm{d}x$；

（10）$\int \arcsin x \mathrm{d}x$.

3.4　有理函数的积分

有理函数是指由两个多项式的商所表示的函数，即具有如下形式的函数

$$\frac{P(x)}{Q(x)} = \frac{a_0 x^n + a_1 x^{n-1} + \cdots + a_{n-1}x + a_n}{b_0 x^m + b_1 x^{m-1} + \cdots + b_{m-1}x + b_m}, \tag{3.1}$$

其中，m 和 n 都是正整数或零；a_0，a_1，$\cdots$，a_n 及 b_0，b_1，$\cdots$，b_m 都是实数，且 $a_0 \neq 0$，$b_0 \neq 0$.

在式（3.1）中，当 $n \geq m$ 时，称这个有理函数是假分式，而当 $n < m$ 时，则称之为真分式. 总可以将一个假分式化成一个多项式和一个真分式之和的形式.

多项式的积分很容易，下面要解决有理真分式的不定积分问题.

根据代数学的有关理论可知，任何有理真分式都可以分解为下列四类最简分式之和.

（1）$\dfrac{A}{x-a}$；

（2）$\dfrac{A}{(x-a)^n}$（n 是正整数，$n \geq 2$）；

（3）$\dfrac{Ax+B}{x^2+px+q}$（$p^2-4q<0$）；

（4）$\dfrac{Ax+B}{(x^2+px+q)^n}$（$n$ 是正整数，$n \geq 2$，$p^2-4q<0$）；

若有理真分式分母中含有因式 $(x-a)^n$（$n \geq 2$），那么分式中含有

$$\frac{A_1}{(x-a)} + \frac{A_2}{(x-a)^2} + \cdots + \frac{A_n}{(x-a)^n};$$

若有理真分式分母中含有因式 $(x^2+px+q)^n$（$n \geq 2$，$p^2-4q<0$），那么分式中含有 $\dfrac{A_1 x+B_1}{x^2+px+q} + \dfrac{A_2 x+B_2}{(x^2+px+q)^2} + \cdots + \dfrac{A_n x+B_n}{(x^2+px+q)^n}$.

例 3.38 真分式 $\dfrac{x+3}{x^2-5x+6} = \dfrac{x+3}{(x-2)(x-3)}$ 可分解为

$$\frac{x+3}{(x-2)(x-3)} = \frac{A}{x-2} + \frac{B}{x-3}.$$

其中 A，B 为待定系数，通过待定系数方法可求得.

上式两端去分母后，得

$$x+3 = A(x-3) + B(x-2),$$
$$x+3 = (A+B)x - (3A+2B).$$

因为这是恒等式，等式两端 x 的系数和常数项必须分别相等，于是有

$$\begin{cases} A+B=1 \\ -(3A+2B)=3 \end{cases}$$

从而解得 $A=-5$，$B=6$.

于是

$$\frac{x+3}{(x-2)(x-3)} = \frac{-5}{x-2} + \frac{6}{x-3}.$$

例 3.39　真分式 $\dfrac{1}{(1+2x)(1+x^2)}$ 可分解为

$$\frac{1}{(1+2x)(1+x^2)} = \frac{A}{1+2x} + \frac{Bx+C}{1+x^2}.$$

其中 A,B,C 可用待定系数法求得,两端去分母后,得

$$1 = (A+2B)x^2 + (B+2C)x + C + A.$$

比较上式两端 x 的各同次幂的系数及常数项,则有

$$\begin{cases} A+2B=0 \\ B+2C=0 \\ A+C=1 \end{cases}$$

解得 $A = \dfrac{4}{5}$, $B = -\dfrac{2}{5}$, $C = \dfrac{1}{5}$.

于是

$$\frac{1}{(1+2x)(1+x^2)} = \frac{\dfrac{4}{5}}{1+2x} + \frac{-\dfrac{2}{5}x + \dfrac{1}{5}}{1+x^2}.$$

例 3.40　真分式 $\dfrac{2x+2}{(x-1)(x^2+1)^2}$ 可分解为

$$\frac{2x+2}{(x-1)(x^2+1)^2} = \frac{A}{x-1} + \frac{B_1x+C_1}{x^2+1} + \frac{B_2x+C_2}{(x^2+1)^2}$$

其中 A, B_1, B_2, C_1, C_2 可用待定系数法求得,两端去分母后,再比较两端分子中 x 的不同次幂的系数,得方程组

$$\begin{cases} A+B_1=0 \\ C_1-B_1=0 \\ 2A+B_2+B_1-C_1=0 \\ C_2+C_1-B_2-B_1=2 \\ A-C_2-C_1=2 \end{cases}$$

解得 $A=1$, $B_1=-1$, $C_1=-1$, $B_2=-2$, $C_2=0$.

例 3.41　求 $\displaystyle\int \frac{x+3}{x^2-5x+6} \mathrm{d}x$.

解　$\displaystyle\int \frac{x+3}{x^2-5x+6} \mathrm{d}x = \int \left(\frac{-5}{x-2} + \frac{6}{x-3} \right) \mathrm{d}x = \ln \frac{(x-3)^6}{|(x-2)^5|} + C.$

例 3.42　求 $\int \dfrac{1}{(1+2x)(1+x^2)}\,dx$.

解　$\displaystyle\int \dfrac{1}{(1+2x)(1+x^2)}\,dx = \dfrac{4}{5}\int \dfrac{1}{1+2x}\,dx - \dfrac{1}{5}\int \dfrac{2x-1}{1+x^2}\,dx$

$\qquad\qquad = \dfrac{4}{5}\int \dfrac{1}{1+2x}\,dx - \dfrac{1}{5}\int \dfrac{1}{1+x^2}\,d(1+x^2) + \dfrac{1}{5}\int \dfrac{1}{1+x^2}\,dx$

$\qquad\qquad = \dfrac{4}{5}\ln|1+2x| - \dfrac{1}{5}\ln(1+x^2) + \dfrac{1}{5}\arctan x + C.$

例 3.43　求 $\int \dfrac{2x+2}{(x-1)(x^2+1)^2}\,dx$.

解　$\displaystyle\int \dfrac{2x+2}{(x-1)(x^2+1)^2}\,dx = \int \dfrac{1}{x-1}\,dx - \int \dfrac{x+1}{x^2+1}\,dx - \int \dfrac{2x}{(x^2+1)^2}\,dx$

$\qquad\qquad = \ln|x-1| - \int \dfrac{x}{x^2+1}\,dx - \int \dfrac{1}{x^2+1}\,dx - \int \dfrac{d(x^2+1)}{(x^2+1)^2}$

$\qquad\qquad = \ln|x-1| - \dfrac{1}{2}\int \dfrac{1}{x^2+1}\,d(x^2+1) - \arctan x + \dfrac{1}{x^2+1}$

$\qquad\qquad = \ln|x-1| - \dfrac{1}{2}\ln(x^2+1) - \arctan x + \dfrac{1}{x^2+1} + C.$

习题 3.4

求下列不定积分：

（1）$\displaystyle\int \dfrac{1}{x^2(1+2x)}\,dx$；

（2）$\displaystyle\int \dfrac{x}{(x+1)(x+2)(x+3)}\,dx$；

（3）$\displaystyle\int \dfrac{x^2+1}{(x+1)^2(x-1)}\,dx$；

（4）$\displaystyle\int \dfrac{x(2-x^2)}{1-x^4}\,dx$；

（5）$\displaystyle\int \dfrac{x}{x^3-x^2+x-1}\,dx$；

（6）$\displaystyle\int \dfrac{x^2}{(x^2+2x+2)^2}\,dx$.

总习题三

1. 填空题.

（1）已知曲线上任一点切线的斜率为 $2x$，并且曲线经过点 $(1,-2)$，则该曲线

的方程是_____;

（2）设 $\int f(x)\mathrm{d}x = 2e^{-x^2}+C$，则 $f(x) = $_____;

（3）$\int e^{f(x)}f'(x)\mathrm{d}x = $_____;

（4）$\int \dfrac{1}{x\sqrt{1-\ln^2 x}}\mathrm{d}x = $_____;

（5）$\int x\ln(1+x^2)\mathrm{d}x = $_____;

（6）$\int \dfrac{1}{\sqrt{x}}e^{\sqrt{x}}\mathrm{d}x = $_____.

2. 选择题.

（1）若 $\dfrac{2}{3}\ln\cos 2x$ 是 $f(x) = k\tan 2x$ 的一个原函数，则 $k = ($).

    A. $\dfrac{2}{3}$ B. $-\dfrac{2}{3}$

    C. $\dfrac{4}{3}$ D. $-\dfrac{4}{3}$

（2）设 $f(x)$ 可导函数，则 $\left(\int f(x)\mathrm{d}x\right)'$ 为 （ ）.

    A. $f(x)$ B. $f'(x)$

    C. $f(x)+C$ D. $f'(x)+C$

（3）若 $\int f(x)e^{-\frac{1}{x}}\mathrm{d}x = -e^{-\frac{1}{x}}+C$，则 $f(x)$ 为 （ ）.

    A. $-\dfrac{1}{x}$ B. $-\dfrac{1}{x^2}$

    C. $\dfrac{1}{x}$ D. $\dfrac{1}{x^2}$

（4）若 $\sin x$ 是 $f(x)$ 的一个原函数，则 $\int xf'(x)\mathrm{d}x = ($).

    A. $x\cos x - \sin x + C$ B. $x\sin x + \cos x + C$

    C. $x\cos x + \sin x + C$ D. $x\sin x - \cos x + C$

3. 已知某产品产量的变化率是时间 t 的函数 $f(t) = at + b$（a，b 是常数），这次产品 t 时刻的产量函数为 $P(t)$，已知 $P(0) = 0$，求 $P(t)$.

4. 求下列不定积分：

（1）$\int \dfrac{(x-1)^3}{x^2}\mathrm{d}x$；   （2）$\int \dfrac{x^2}{1+x^2}\mathrm{d}x$；

（3）$\int x\sqrt[3]{x\sqrt{x}}\mathrm{d}x$；   （4）$\int \dfrac{1}{\sqrt{x}}\mathrm{d}x$；

（5）$\int\left(2e^x+\dfrac{3}{x}\right)dx$；

（6）$\int(x^2-3x+2)dx$；

（7）$\int\dfrac{dx}{x^2(1+x^2)}$；

（8）$\int\dfrac{e^{2t}-1}{e^t-1}dt$；

（9）$\int\dfrac{\cos 2x}{\cos x-\sin x}dx$；

（10）$\int\sin^2\dfrac{x}{2}dx$；

（11）$\int\dfrac{(1-x)^2}{\sqrt{x}}dx$；

（12）$\int\dfrac{1}{1-\cos 2x}dx$.

5. 设 $x\ln x$ 是函数 $f(x)$ 的一个原函数，求 $\int f'(x)dx$.

6. 求下列不定积分：

（1）$\int e^{-5x}dx$；

（2）$\int\dfrac{x}{\sqrt{1-x^2}}dx$；

（3）$\int\dfrac{1}{1-2x}dx$；

（4）$\int u\sqrt{u^2-5}\,du$；

（5）$\int\dfrac{1}{x^2}e^{\frac{1}{x}}dx$；

（6）$\int\dfrac{\sin\sqrt{x}}{\sqrt{x}}dx$；

（7）$\int\dfrac{1}{\sin x\cos x}dx$；

（8）$\int\dfrac{dx}{x\ln x}$；

（9）$\int xe^{x^2}dx$；

（10）$\int x\cos x^2dx$；

（11）$\int\dfrac{x}{\sqrt{2-3x^2}}dx$；

（12）$\int\dfrac{\sin x}{\cos^3 x}dx$；

（13）$\int\dfrac{1}{4+9x^2}dx$；

（14）$\int\dfrac{10^{\arcsin x}}{\sqrt{1-x^2}}dx$；

（15）$\int e^{\sin x}\cos xdx$；

（16）$\int\dfrac{1}{e^t+e^{-t}}dt$；

（17）$\int\dfrac{\ln x}{x\sqrt{1+\ln x}}dx$；

（18）$\int\dfrac{e^x}{\arcsin e^x\cdot\sqrt{1-e^{2x}}}dx$；

（19）$\int\tan^4 xdx$；

（20）$\int\cos^3 xdx$.

7. 求下列不定积分：

（1）$\int\dfrac{dx}{1+\sqrt[3]{x+2}}$；

（2）$\int x\sqrt{x+1}dx$；

（3）$\int\dfrac{1}{\sqrt{x}+\sqrt[3]{x}}dx$；

（4）$\int\dfrac{1}{(2+x)\sqrt{1+x}}dx$；

（5）$\int\dfrac{x^2}{\sqrt{2-x}}dx$；

（6）$\int\dfrac{1+\sqrt[3]{1+x}}{\sqrt{1+x}}dx$；

（7）$\int\dfrac{x^2}{\sqrt{1-x^2}}dx$；

（8）$\int\dfrac{\sqrt{x^2-9}}{x}dx$；

（9）$\displaystyle\int\frac{1}{(1+x^2)^2}dx$ ；

（10）$\displaystyle\int\frac{1}{x\sqrt{x^2-1}}dx$ ；

（11）$\displaystyle\int\frac{1}{e^x-1}dx$ ；

（12）$\displaystyle\int(1-x^2)^{-\frac{3}{2}}dx$ ；

（13）$\displaystyle\int\frac{dx}{\sqrt{1+e^x}}$ ；

（14）$\displaystyle\int\frac{x^2}{\sqrt{a^2-x^2}}dx$ ；

（15）$\displaystyle\int\frac{dx}{\sqrt{9x^2-4}}$.

8. 求下列不定积分：

（1）$\displaystyle\int x^2 e^{-x}dx$ ；

（2）$\displaystyle\int x\sin 2xdx$ ；

（3）$\displaystyle\int e^x\cos xdx$ ；

（4）$\displaystyle\int\ln(1+x^2)dx$

（5）$\displaystyle\int\arccos xdx$ ；

（6）$\displaystyle\int x^2\cos xdx$ ；

（7）$\displaystyle\int\frac{x}{\sin^2 x}dx$ ；

（8）$\displaystyle\int\frac{\ln\ln x}{x}dx$ ；

（9）$\displaystyle\int\cos\sqrt{x}dx$ ；

（10）$\displaystyle\int\sec^3 xdx$ ；

（11）$\displaystyle\int\sqrt{1-x^2}\arcsin xdx$ ；

（12）$\displaystyle\int\sin(\ln x)dx$.

9. 求下列不定积分：

（1）$\displaystyle\int\frac{2x+3}{x^2+3x-10}dx$ ；

（2）$\displaystyle\int\frac{x^3}{3+x}dx$ ；

（3）$\displaystyle\int\frac{1}{x(1+x^2)}dx$ ；

（4）$\displaystyle\int\frac{x}{(x^2+1)(x^2+4)}dx$ ；

（5）$\displaystyle\int\frac{1}{x^4-1}dx$ ；

（6）$\displaystyle\int\frac{x^2-3x+2}{x(x^2+2x+1)}dx$.

10. 设 $f'(\ln x)=\begin{cases}1, & 0<x\leqslant 1\\ x\ln x, & 1<x<+\infty\end{cases}$ 且 $f(0)=0$ ，试求 $f(x)$.

11. 设 $f(x)=\begin{cases}x+1, & x\geqslant 1\\ x^2, & x<1\end{cases}$ ，求 $\displaystyle\int f(x)dx$.

12. 设 $\dfrac{\sin x}{x}$ 是 $f(x)$ 的一个原函数，求 $\displaystyle\int xf'(x)dx$.

13. 设 $\displaystyle\int xf(x)dx=\arcsin x+C$ ，求 $\displaystyle\int\frac{dx}{f(x)}$.

第 4 章　MATLAB 简介

4.1　初识 MATLAB

　　MATLAB 的名称源自 MatrixLaboratory，是一门计算语言，专门以矩阵的形式处理数据．MATLAB 将计算与可视化集成到一个灵活的计算机环境中，并提供了大量的内置函数，可以在广泛的工程问题中直接利用这些函数获得数值解．此外，用 MATLAB 编写程序，犹如在一张草稿纸上排列公式和求解问题一样高效率，因此被称为"演算纸式"的科学工程算法语言．在我们学习高等数学的过程中，可以结合 MATLAB 软件进行一些简单的编程应用，在一定程度上弥补我们常规教学的不足，同时这也是我们探索高职高专数学课程改革迈出的一步．

　　MATLAB 具有以下功能：

　　（1）计算功能：MATLAB 以矩阵作为数据操作的基本单位，还提供了十分丰富的数值计算函数．

　　（2）MATLAB 和著名的符号计算语言 Maple 相结合，使得 MATLAB 具有符号计算功能．

　　（3）绘图功能：MATLAB 提供了两种层次的绘图操作，一种是对图形句柄进行的低层绘图操作，另一种是建立在低层绘图操作之上的高层绘图操作．

　　（4）编程语言：MATLAB 具有程序结构控制、函数调用、数据结构、输入输出、面向对象等程序语言特征，而且简单易学、编程效率高．

　　（5）工具箱：MATLAB 包含基本部分和各种可选的工具箱两部分，MATLAB 工具箱分为功能性工具箱和学科性工具箱两大类．

例 4.1   绘制正弦曲线和余弦曲线.

```
>>syms x
>>x=[0:0.5:360]*pi/180;
>>plot(x,sin(x),x,cos(x))
```

按回车键后得到图 4.1 所示的结果.

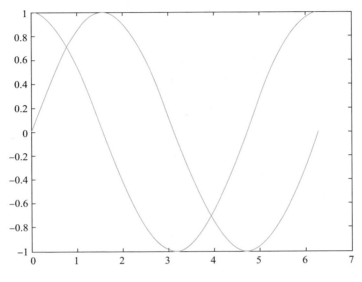

图 4.1   正弦曲线和余弦曲线

例 4.2   求方程 $3x^4 + 7x^3 + 9x^2 - 23 = 0$ 的全部根.

```
>>p=[3,7,9,0,-23];
>>x=roots(p)
```

按回车键后得方程的根如下：

```
x =

  -1.8857
  -0.7604 + 1.7916i
  -0.7604 - 1.7916i
   1.0732
```

例 4.3   求不定积分 $\int x^3 e^{-x^2} dx$.

```
>>syms x
```

```
>>f=x^3*exp(-x^2);
>>int(f)
```

按回车键后得函数的不定积分如下：

```
ans =

-1/2*x^2/exp(x^2)-1/2/exp(x^2)
```

例 4.4　求解线性方程组 $\begin{cases} 2x_1 - 3x_2 + x_3 = 4 \\ 8x_1 + 3x_2 + 2x_3 = 2 \\ 45x_1 + x_2 - 9x_3 = 17 \end{cases}$．

```
>>a=[2,-3,1;8,3,2;45,1,-9];
>>b=[4;2;17];
>>x=inv(a)*b
```

按回车键后得方程组的解：

```
x =

 0.4784
-0.8793
 0.4054
```

例 4.5　绘制函数 $y = 2\sin x$ 在一个周期内的图形．

```
>>x=0:pi/10:2*pi;
>>y=2*sin(x);
 subplot(2,2,1);bar(x,y,'g');
 title('bar(x,y,''g'')');axis([0,7,-2,2]);
 subplot(2,2,2);stairs(x,y,'b');
 title('stairs(x,y,''b'')');axis([0,7,-2,2]);
 subplot(2,2,3);stem(x,y,'k');
 title('stem(x,y,''k'')');axis([0,7,-2,2]);
 subplot(2,2,4);fill(x,y,'y');
 title('fill(x,y,''y'')');axis([0,7,-2,2]);
```

按回车键后得图 4.2 所示的结果．

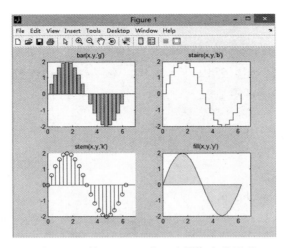

图 4.2　函数 $y = 2\sin x$ 在一个周期内的图形

例 4.6　绘制四个季度的饼图和相量图.

```
subplot(1,2,1);
pie([2347,1827,2043,3025]);
title(' 饼图 ');
legend(' 一季度 ',' 二季度 ',' 三季度 ',' 四季度 ');
subplot(1,2,2);
compass([7+2.9i,2-3i,-1.5-6i]);
title(' 相量图 ');
```

按回车键后得图 4.3 所示的结果.

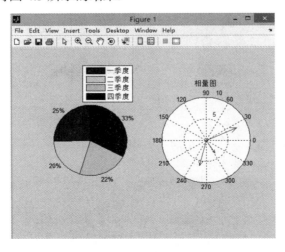

图 4.3　四个季度的饼图和相量图

例 4.7　绘制 3D 图形（1）.

```
>>[x,y]=meshgrid(-8:0.5:8);
z=sin(sqrt(x.^2+y.^2))./sqrt(x.^2+y.^2+eps);
subplot(2,2,1);
mesh(x,y,z);
title('mesh(x,y,z)')
subplot(2,2,2);
meshc(x,y,z);
title('meshc(x,y,z)')
subplot(2,2,3);
meshz(x,y,z)
title('meshz(x,y,z)')
subplot(2,2,4);
surf(x,y,z);
title('surf(x,y,z)')
```

按回车键后得图 4.4 所示的结果.

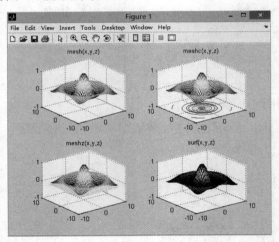

图 4.4　3D 图形（1）

例 4.8　绘制 3D 图形（2）.

```
>>t=0:pi/20:2*pi;
[x,y,z]= cylinder(2+sin(t),30);
subplot(2,2,1);
surf(x,y,z);
```

```
subplot(2,2,2);

[x,y,z]=sphere;

surf(x,y,z);

subplot(2,1,2);

[x,y,z]=peaks(30);

surf(x,y,z);
```

按回车键后得图 4.5 所示的结果.

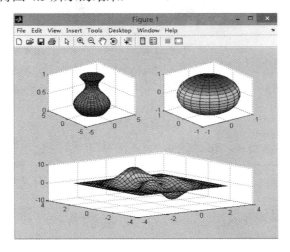

图 4.5　3D 图形（2）

例 4.9　绘制 3D 图形（3）.

```
>>[x,y,z]=sphere(20);

subplot(1,2,1);

surf(x,y,z);axis equal;

light('Posi',[0,1,1]);

shading interp;

hold on;

plot3(0,1,1,'p');text(0,1,1,' light');

subplot(1,2,2);

surf(x,y,z);axis equal;

light('Posi',[1,0,1]);

shading interp;

hold on;

plot3(1,0,1,'p');text(1,0,1,' light');
```

按回车键后得图 4.6 所示的结果.

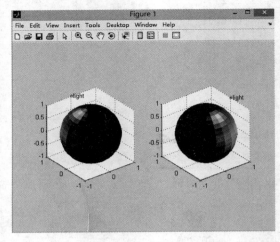

图 4.6　3D 图形（3）

4.2　MATLAB 集成环境

4.2.1　集成环境

启动 MATLAB 后将进入 MATLAB 集成环境，其中包括 MATLAB 主窗口、命令窗口（Command Window）、工作空间（Workspace）窗口、命令历史（Command History）窗口、当前目录（Current Directory）窗口和启动平台（Launch Pad）窗口，如图 4.7 所示.

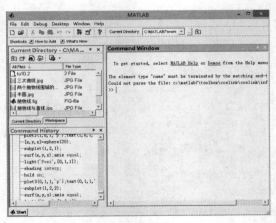

图 4.7　MATLAB 集成环境

4.2.2　主窗口

1. 菜单栏

在 MATLAB 7.0 主窗口的菜单栏中, 共有 File、Edit、Debug、Desktop、Window 和 Help 六个菜单项.

2. 工具栏

MATLAB 7.0 主窗口的工具栏一共提供了 10 个命令按钮, 这些命令按钮均有对应的菜单命令, 但比菜单命令使用起来更快捷、更方便.

3. 命令窗口

命令窗口是 MATLAB 的主要交互窗口, 用于输入命令并显示除图形以外的所有执行结果.

MATLAB 命令窗口中的 ">>" 为命令提示符, 表示 MATLAB 正处于准备状态. 在命令提示符后输入命令并按下回车键后, MATLAB 就会解释执行所输入的命令, 并在命令后面给出计算结果, 如图 4.8 所示.

图 4.8　在命令提示符后输入命令并按下回车键后得出计算结果

如果一个命令行很长, 在一个物理行之内写不下, 就可以在第一个物理行之后加上 3 个小黑点并按下回车键, 然后接着下一个物理行继续写命令的其他部分. 3 个小黑点称为续行符, 即把下面的物理行看作该行的逻辑继续. 在 MATLAB 里, 有很多的控制键和方向键可用于命令行的编辑.

4.2.3　工作空间窗口

工作空间是 MATLAB 用于存储各种变量和结果的内存空间. 在该窗口中显

示工作空间中所有变量的名称、大小、字节数和变量类型说明,可对变量进行观察、编辑、保存和删除.

当前目录窗口:当前目录是指 MATLAB 运行文件时的工作目录,只有在当前目录或搜索路径下的文件、函数可以被运行或调用.

在当前目录窗口中可以显示或改变当前目录,还可以显示当前目录下的文件并提供搜索功能.

将用户目录设置成当前目录可以使用 cd 命令. 例如,将用户目录 c:\mydir 设置为当前目录,可在命令窗口输入命令: cd c:\mydir.

MATLAB 的搜索路径:当用户在 MATLAB 命令窗口输入一条命令后,MATLAB 按照一定次序寻找相关的文件. 基本的搜索过程是:

(1)检查该命令是不是一个变量.

(2)检查该命令是不是一个内部函数.

(3)检查该命令是不是当前目录下的 M 文件.

(4)检查该命令是不是 MATLAB 搜索路径中其他目录下的 M 文件. 用户可以将自己的工作目录列入 MATLAB 搜索路径,从而将用户目录纳入 MATLAB 系统统一管理.

4.2.4 MATLAB 帮助系统

选择 Help 菜单中的 MATLAB 选项,如图 4.9 所示.

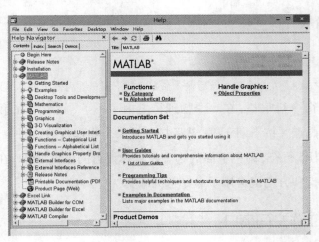

图 4.9 MATLAB

4.3　MATLAB 基本知识

4.3.1　基本运算符及表达式

基本运算符及表达式见表 4.1.

表 4.1　基本运算符及表达式

数学表达式	MATLAB 运算符	MATLAB 表达式
加	+	$a+b$
减	−	$a-b$
乘	*	$a*b$
除	/ 或 \	a/b 或 $a\backslash b$
幂	^	$a \wedge b$

说明：

（1）所有运算定义在复数域上．对于方根问题，运算只返回处于第一象限的解．

（2）MATLAB 用左斜杠或右斜杠分别表示"左除"或"右除"运算．对于标量而言，这两者没有区别；但对矩阵来说，"左除"和"右除"将产生不同的影响．

（3）表达式由变量名、运算符和函数名组成．

（4）表达式将按与常规相同的优先级自左至右执行运算．

（5）优先级的规定是：指数运算级别最高，乘除运算级别次之，加减运算级别最低．

（6）括号可以改变运算的次序．

4.3.2　MATLAB 变量命名规则

MATLAB 变量命名规则如下：

（1）变量名、函数名的字母大小表示不同．

（2）变量名的第一个字符必须是英文字母，最多可包含 31 个字符（英文、数字和下划线）．

（3）变量名中不得包含空格、标点，但可以包含下划线．

4.3.3　数值计算结果的显示格式

MATLAB 数值计算结果显示格式的类型列于表 4.2 中．用户在 MATLAB 指令窗中直接输入相应的指令，或者在菜单弹出框中进行选择，都可获得所需的数值计算结果显示格式．

表 4.2　数据显示格式的控制指令

指　令	含　义	举例说明
formatshort	通常保证小数点后四位有效，最多不超过 7 位；对于大于 1000 的实数，用 5 位有效数字的科学记数形式显示	3.14159 被显示为 3.141590 3141.59 被显示为 3.1416e+ 003
formatlong	15 位数字表示	3.14159265358979
formatshorte	5 位科学记数表示	3.1416e+00
formatlonge	15 位科学记数表示	3.14159265358979e+00
Formatshortg	从 formatshort 和 formatshorte 中自动选择最佳记述方式	3.1416
formatlongg	从 formatlong 和 formatlonge 中自动选择最佳记述方式	3.14159265358979
formatrat	近似有理数表示	355/113
formathex	十六进制表示	400921fb54442d18

注：① formatshort 显示格式是默认的显示格式；②该表中实现的所有格式设置仅在 MATLAB 的当前执行过程中有效．

4.3.4　MATLAB 指令行中的标点符号

MATLAB 指令行中的标点符号见表 4.3.

表 4.3　MATLAB 指令行中的标点符号

名　称	标　点	作　用
逗号	,	用作要显示计算结果的指令与其后指令之间的分隔；用作输入量与输入量之间的分隔；用作数组元素分隔符
黑点	.	用作数值表示中的小数点
分号	;	用作不显示计算结果指令的"结尾"标志；用作不显示计算结果指令与其后指令的分隔；用作数组行间分隔符
冒号	:	用以生成一维数值数组；用作单下标援引时表示全部元素构成的长列；用作多下标援引时表示所在维上的全部元素
注释号	%	由它"启首"后的所有物理行部分被看作非执行的注释符
单引号对	' '	字符串标记符
方括号	[]	输入数组时用；函数指令输出宗量列表时用
圆括号	( )	数组援引时用；函数指令输入宗量列表时用
花括号	{}	元胞数组记述符

续表

名　称	标　点	作　用
下连线	_	（为便于阅读）用作一个变量、函数或文件名中的连字符
连行号	…	由三个以上连续黑点构成，它把其下的物理行看作该行的"逻辑"继续，以构成一个"较长"的完整指令

4.3.5　MATLAB 指令窗的常用控制指令

MATLAB 指令窗的常用控制指令见表 4.4.

表 4.4　MATLAB 指令窗的常用控制指令

指　令	含　义	指　令	含　义
cd	设置当前工作目录	exit	关闭 / 退出 MATLAB
clf	清除图形窗	quit	关闭 / 退出 MATLAB
clc	清除指令窗中显示的内容	md	创建目录
clear	清除 MATLAB 工作空间中保留的变量	more	使其后的显示内容分页进行
dir	列出指定目录下的文件和子目录清单	type	显示指定 M 文件的内容

4.3.6　数学函数

数学函数见表 4.5.

表 4.5　数学函数

函　数	功　能	格　式
sin、sinh	正弦函数与双曲正弦函数	$Y = \sin(X)$、$Y = \sinh(X)$
asin、asinh	反正弦函数与反双曲正弦函数	$Y = \mathrm{asin}(X)$、$Y = \mathrm{asinh}(X)$
cos、cosh	余弦函数与双曲余弦函数	$Y = \cos(X)$、$Y = \cosh(X)$
acos、acosh	反余弦函数与反双曲余弦函数	$Y = \mathrm{acos}(X)$、$Y = \mathrm{acosh}(X)$
tan、tanh	正切函数与双曲正切函数	$Y = \tan(X)$、$Y = \tanh(X)$
cot、coth	余切函数与双曲余切函数	$Y = \cot(X)$、$Y = \coth(X)$
acot、acoth	反余切函数与反双曲余切函数	$Y = \mathrm{acot}(X)$、$Y = \mathrm{acoth}(X)$
sec、sech	正割函数与双曲正割函数	$Y = \sec(X)$、$Y = \mathrm{sech}(X)$
asec、asech	反正割函数与反双曲正割函数	$Y = \mathrm{asec}(X)$、$Y = \mathrm{asech}(X)$
csc、csch	余割函数与双曲余割函数	$Y = \csc(X)$、$Y = \mathrm{csch}(X)$

第 5 章　数学实验

在 MATLAB 软件中，通常用 limit 函数来求极限，其用法见表 5.1.

表 5.1　limit 函数的用法

表达式	函数格式	备　注
$\lim\limits_{x \to a} f(x)$	limit(f, x, a)	若 $a = 0$ 且是对 x 求极限，可简写为 limit(f)
$\lim\limits_{x \to a^-} f(x)$	limit(f, x, a, 'left')	左趋近于 a
$\lim\limits_{x \to a^+} f(x)$	limit(f, x, a, 'right')	右趋近于 a

例 5.1　计算下列极限：

（1）$\lim\limits_{x \to 0} \dfrac{\cos x - e^{\frac{x^2}{2}}/2}{4}$；

（2）$\lim\limits_{x \to 2} \dfrac{x-2}{x^2-4}$；

（3）$\lim\limits_{x \to 0} \dfrac{2^x - \ln 2^x - 1}{1 - \cos x}$；

（4）$\lim\limits_{x \to 0^-} \dfrac{1}{x}$.

解

（1）

```
>>syms x % 把字符 x 定义为符号
>>limit((cos(x)-exp(x^2/2)/2)/4)
ans=

1/8
```

（2）

```
    >>limit((x-2)/(x^2-4),x,2)
    ans=

    1/4
(3)
    >>limit(2^x-log(2^x)-1)/(1.cos(x),x,0)
    ans=

    log(2)^2
(4)
    >>limit(1/x,x,0,'left')
    ans=

    -inf
```

练习 1:

$$\lim_{x \to 0} \frac{1}{x};$$

_____

_____

$$\lim_{x \to 0} \frac{\sin x}{x};$$

_____

_____

$$\lim_{x \to +\infty} \left(1 + \frac{1}{x}\right)^x;$$

_____

_____

$$\lim_{x \to +\infty} \left(1 + \frac{t}{2x}\right)^{4x}.$$

_____

_____

练习 2:

（1）$\lim\limits_{x \to 0} \dfrac{\sin \sqrt{2}x}{x};$　　　　　　　　（2）$\lim\limits_{x \to 0} \dfrac{\sin 3x}{\sin 6x};$

（3）$\lim\limits_{x\to\pi}\dfrac{\sin 3x}{x-\pi}$；

（4）$\lim\limits_{x\to 1}\dfrac{\tan(x-1)}{x^2-1}$；

（5）$\lim\limits_{x\to 0}\dfrac{\tan x-\sin x}{1-\cos 2x}$；

（6）$\lim\limits_{x\to -1}\dfrac{x^3+1}{\sin(x+1)}$；

（7）$\lim\limits_{x\to 0^+}\dfrac{x}{\sqrt{1-\cos x}}$；

（8）$\lim\limits_{x\to 0}\dfrac{\tan x-\sin x}{\sin^3 x}$；

（9）$\lim\limits_{x\to\infty}\left(1+\dfrac{2}{x}\right)^{x+1}$；

（10）$\lim\limits_{x\to 0}\left(\dfrac{2+x}{2}\right)^{\frac{1}{2x}}$.

解

（1）

（2）

（3）

（4）

（5）

（6）

（7）

（8）

（9）

（10）

_____

_____

实验二　MATLAB 在导数中的应用

MATLAB 软件提供的求函数导数的指令是 diff，具体使用格式如下：

（1）diff(f,x) 表示对 f（这里 f 是一个函数表达式）求关于符号变量 x 的一阶导数．若 x 缺省，则表示求 f 对预设独立变量的一阶导数．

（2）diff(f,x,n) 表示对 f 求关于符号变量 x 的 n 阶导数．若 x 缺省，则表示求 f 对预设独立变量的 n 阶导数．

例 5.2　已知 $f(x)=ax^3+bx^2+c$，求 $f(x)$ 的一阶、二阶导数．

```
>>syms a b c x
>>f=a*x^3+b*x^2+c;
>>diff(f,x)
ans=
3*a*x^2+2*b*x
>>diff(f,2)
ans=
6*a*x+2*b
```

例 5.3　已知 $f(x)=\mathrm{e}^{2x}\ln(x^2+1)\tan(-x)$，求 $f(x)$ 的一阶导数．

```
>>syms x
>>f=exp(2*x)*log(x^2+1)*tan(-x);
>>diff(f,x)
ans=
 -2*exp(2*x)*log(x^2+1)*tan(x)-2*exp(2*x)*x/
(x^2+1)*tan(x)-exp(2*x)*log(x^2+1)*(1+tan(x)^2)
```

练习 1　计算下列函数的一阶导数：

（1）$y=\sin^2(\ln x)$；

（2）$y=\ln\sin(x^2+1)+2^{-x}$；

（3）$y=\mathrm{e}^{\arctan\sqrt{x+1}}$；

（4）$y=\sin\dfrac{x}{\sqrt{x+1}}$；

（5）$y = \sqrt{1 + \cos^2 x^2}$.

解

（1）

（2）

（3）

（4）

（5）

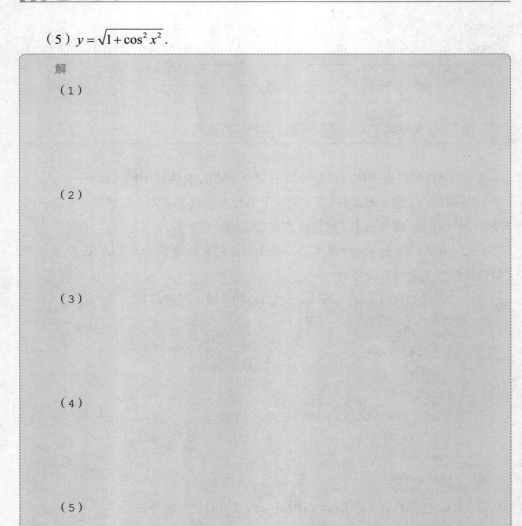

练习 2　对下列实际问题建模求解：

（1）（野生动物乐园面积最大问题）　现有全长为 12000m 的铁丝网，想利用这些铁丝网和一段直线河岸作为自然边界，围成两个长方形野生动物乐园.

假定要圈的野生动物乐园是两个相邻的长方形，它们都可以利用一段直线河岸作为自然边界（图 5.1），试确定该野生动物乐园的长宽尺寸，以使其总面积为最大.

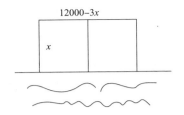

图 5.1　野生动物乐园面积最大问题

（2）（抗弯截面模量的最大值问题）　对于一根截面为矩形的横梁，当截面矩形的长和宽分别为 h 和 b（图 5.2）时，它的抗弯截面模量为 $W = \dfrac{1}{6}bh^2$. 现在要求在一根截面圆半径为 R 的圆木上，截出一个抗弯截面模量最大的矩形横梁，试确定其长和宽的尺寸.

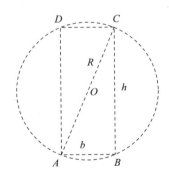

图 5.2　抗弯截面模量的最大值问题

（3）设糕点厂加工生产 A 类糕点的总成本函数和收入函数分别是

$$C(x) = 100 + 2x + 0.02x^2 \text{（元）}, R(x) = 7x + 0.01x^2 \text{（元）}.$$

求：1）边际利润函数及日产量分别是 200 公斤、250 公斤和 300 公斤时的边际利润，并说明其经济意义；2）A 类糕点日产量的最佳生产水平及最大利润.

实验三　MATLAB 在积分中的应用

MATLAB 软件提供的求函数积分的指令是 int，具体使用格式如下：

（1）int(f) 返回 f 对预设独立变量的积分值.

（2）int(f, v) 返回 f 对独立变量 v 的积分值.

（3）int(f, a, b) 返回 f 对预设独立变量的积分值，积分区间为 [a, b]，a 和 b 为数值式.

（4）int(f, v, a, b) 返回 f 对独立变量的积分值，积分区间为 [a, b]，a 和 b 为数值式.

（5）int(f, m, n) 返回 f 对预设变量的积分值，积分区间为 [m, n]，m 和 n 为符号式.

例 5.4　求下列函数的积分：

（1）$\int x^3 \mathrm{e}^{-x^2} \mathrm{d}x$ ；

（2）$\int \dfrac{\mathrm{d}x}{x\sqrt{x^2+1}}$ ；

（3）$\int_{\frac{\pi}{4}}^{\frac{\pi}{3}} \dfrac{x^2}{\sin^2 x} \mathrm{d}x$ ；

（4）$\int_0^{\frac{\pi}{2}} \sin^4 x \cos^2 x \mathrm{d}x$ ；

（5）$\int_0^1 \dfrac{2+x^2}{1+x^2} \mathrm{d}x$.

解

（1）

```
>>syms x
```

```
>>f=sym('x^3*exp(-x^2)')% 或 int('x^3*exp(-x^2)')
f=
x^3*exp(-x^2)
>>int(f)
ans=
-1/2*x^2/exp(x^2)-1/2/exp(x^2)
```
（2）
```
>>int('1/(x*sqrt(x^2+1))')
ans=
-atanh(1/(x^2+1)^(1/2))
```
（3）
```
>>syms x
>>I=int('x/sin(x)^2',x,pi/4,pi/3)
I=
-1/9*pi*3^(1/2)-1/2*log（2）+1/2*log（3）+1/4*pi
```
（4）
```
>>int('sin(x)^4*cos(x)^2',x,0,pi/2)
ans=
1/32*pi
```
（5）
```
>>syms x
>>I=int('(2+x^2)/(1+x^2)',x,0,1)
I =
1+1/4*pi
```

练习1　求下列积分：

（1）$\int \sec x(\sec x - \tan x)\mathrm{d}x$；

（2）$\int \dfrac{\cos 2x}{\sin^2 x \cos^2 x}\mathrm{d}x$；

（3）$\int \dfrac{\mathrm{d}x}{\sqrt{\mathrm{e}^x+1}}$；

（4）$\int \dfrac{\mathrm{d}x}{\sqrt{x(1-x)}}$；

（5）$\int \mathrm{e}^{-x}\cos 2x\mathrm{d}x$；

（6）$\int \ln(1+x^2)\mathrm{d}x$；

（7）$\int_{-\pi}^{\pi} x^3 \sin^2 x\mathrm{d}x$；

（8）$\int_{1}^{\mathrm{e}} \cos \ln x\mathrm{d}x$；

（9）$\int_{0}^{\frac{\pi}{2}} \mathrm{e}^x \cos x\mathrm{d}x$.

解

（1）

（2）

（3）

（4）

（5）

（6）

（7）

（8）

（9）

练习 2　对下列实际问题建模求解：

（1）设有一形状为等腰梯形的闸门铅直竖立于水中，其上底为 8m、下底为 4m、高为 6m，闸门顶端与水面齐平，求水对闸门的压力，如图 5.3 所示.

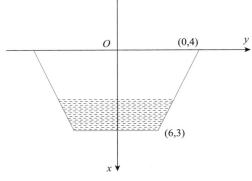

图 5.3　压力问题

提示：$\mathrm{d}F = \rho g x 2 y \mathrm{d}x = 2 \times 9.8 \times 10^3 \left(4 - \dfrac{x}{3} \right) x \mathrm{d}x.$

（2）设生产某商品的固定成本是 20 元，边际成本函数 $C'(q) = 0.4q + 2$（元 / 单位），求总成本函数 $C(q)$. 如果该商品的销售单价为 22 元且产品可以全部卖出，问每天的产量为多少个单位时可使利润达到最大？最大利润是多少？

实验四　MATLAB 在线性代数中的应用

一、数值矩阵的生成

MATLAB 的强大功能之一体现在能直接处理向量或矩阵. 当然, 首要任务是输入待处理的向量或矩阵.

对于任何矩阵（向量）, 我们都可以直接按行方式输入每个元素: 同一行中的元素用逗号（, ）或者用空格符来分隔, 且空格个数不限; 不同的行用分号（; ）分隔. 所有元素处于一方括号（[ ]）内, 当矩阵是多维（三维以上）且方括号内的元素是维数较低的矩阵时, 会有多重的方括号. 例如:

```
>> Time = [11  12  1  2  3  4  5  6  7  8  9  10]
   Time =
        11  12  1  2  3  4  5  6  7  8  9  10
>> X_Data = [2.32  3.43;4.37  5.98]
   X_Data =
           2.32  3.43
           4.37  5.98
>> vect_a = [1  2  3  4  5]
   vect_a =
           1  2  3  4  5
>> Matrix_B = [1  2  3; 2  3  4; 3  4  5]
   Matrix_B = 1  2  3
              2  3  4
              3  4  5
>> Null_M = [ ]              %生成一个空矩阵
```

二、符号矩阵的生成

在 MATLAB 中输入符号向量或矩阵的方法和输入数值类型的向量或矩阵的方法在形式上很相似, 只不过要用到符号矩阵定义函数 sym 或者用到符号定义函数 syms, 先定义一些必要的符号变量, 再像定义普通矩阵一样输入符号矩阵.

1. 用命令 sym 定义矩阵

这时的函数 sym 实际是定义一个符号表达式,这时的符号矩阵中的元素可以是任何符号或表达式,而且长度没有限制,只是将方括号置于用于创建符号表达式的单引号中.

例 5.5

```
>> sym_matrix = sym('[a b c;Jack,Help Me!,NO WAY!]')
   sym_matrix =
            [a          b           c]
            [Jack    Help Me!    NO WAY!]
>> sym_digits = sym('[1 2 3;a b c;sin(x)cos(y)tan(z)]')
   sym_digits =
            [1          2           3]
            [a          b           c]
            [sin(x) cos(y) tan(z)]
```

2. 用命令 syms 定义矩阵

先定义矩阵中的每一个元素为一个符号变量,然后像普通矩阵一样输入符号矩阵.

例 5.6

```
>> syms  a  b  c;
>> M1 = sym('Classical');
>> M2 = sym('Jazz');
>> M3 = sym('Blues')
>> syms_matrix = [a  b  c; M1, M2, M3;int 2 str([2  3  5])]
   syms_matrix =
            [ a        b        c]
            [Classical  Jazz   Blues]
            [ 2        3        5]
```

把数值矩阵转化成相应的符号矩阵.

三、特殊矩阵的生成

命令　全零阵

函数　zeros

格式　B = zeros(n)　　　　　　　　% 生成 n×n 全零阵

　　　B = zeros(m, n)　　　　　　% 生成 m×n 全零阵

　　　B = zeros([m n])　　　　　　% 生成 m×n 全零阵

　　　B = zeros(d1, d2, d3, …)　　% 生成 d1×d2×d3×…全零阵或数组

　　　B = zeros([d1 d2 d3, …])　　% 生成 d1×d2×d3×…全零阵或数组

　　　B = zeros(size(A))　　　　　% 生成与矩阵 A 相同大小的全零阵

命令　单位阵

函数　eye

格式　Y=eye(n)　　　　　　　　　% 生成 n×n 单位阵

　　　Y=eye(m, n)　　　　　　　% 生成 m×n 单位阵

　　　Y=eye(size(A))　　　　　　% 生成与矩阵 A 相同大小的单位阵

命令　全 1 阵

函数　ones

格式　Y=ones(n)　　　　　　　　% 生成 n×n 全 1 阵

　　　Y=ones(m, n)　　　　　　　% 生成 m×n 全 1 阵

　　　Y=ones([m n])　　　　　　% 生成 m×n 全 1 阵

　　　Y=ones(d1, d2, d3…)　　　% 生成 d1×d2×d3×…全 1 阵或数组

　　　Y=ones([d1 d2 d3…])　　　% 生成 d1×d2×d3×…全 1 阵或数组

　　　Y=ones(size(A))　　　　　% 生成与矩阵 A 相同大小的全 1 阵

命令　均匀分布随机矩阵

函数　rand

格式　Y=rand(n)　　　　　　　　% 生成 n×n 随机矩阵, 其元素在 (0,1) 内

　　　Y=rand(m, n)　　　　　　　% 生成 m×n 随机矩阵

　　　Y=rand([m n])　　　　　　% 生成 m×n 随机矩阵

　　　Y=rand(m, n, p, …)　　　% 生成 m×n×p×…随机矩阵或数组

　　　Y=rand([m n p…])　　　　% 生成 m×n×p×…随机矩阵或数组

Y=rand(size(A))	% 生成与矩阵 A 相同大小的随机矩阵
rand	% 无变量输入时只产生一个随机数
s=rand('state')	% 产生包括均匀发生器当前状态的 35 个元素的向量
s=rand('state', s)	% 重置状态为 s
s=rand('state', 0)	% 重置发生器到初始状态
s=rand('state', j)	% 对整数 j 重置发生器到第 j 个状态
s=rand('state', sum(100*clock))	% 每次重置到不同状态

例 5.7　产生一个 3×4 随机矩阵.

```
>> R=rand(3,4)
R=
    0.9501  0.4860  0.4565  0.4447
    0.2311  0.8913  0.0185  0.6154
    0.6068  0.7621  0.8214  0.7919
```

例 5.8　产生一个在区间 [10, 20] 内均匀分布的四阶随机矩阵.

```
>> a=10;b=20;
>> x=a+(b-a)*rand(4)
x =
    19.2181  19.3547  10.5789  11.3889
    17.3821  19.1690  13.5287  12.0277
    11.7627  14.1027  18.1317  11.9872
    14.0571  18.9365  10.0986  16.0379
```

命令　正态分布随机矩阵

函数　randn

格式　Y = randn(n)　　　　% 生成 n×n 正态分布随机矩阵

Y = randn(m, n)　　　% 生成 m×n 正态分布随机矩阵

Y = randn([m n])　　　% 生成 m×n 正态分布随机矩阵

Y = randn(m, n, p, …)　% 生成 m×n×p×… 正态分布随机矩阵或数组

Y = randn([m n p…])　% 生成 m×n×p×… 正态分布随机矩阵

或数组

$Y = \text{randn}(\text{size}(A))$ %生成与矩阵 A 相同大小的正态分布随机矩阵

randn %无变量输入时只产生一个正态分布随机数

$s = \text{randn}('state')$ %产生包括正态发生器当前状态的 2 个元素的向量

$s = \text{randn}('state', s)$ %重置状态为 s

$s = \text{randn}('state', 0)$ %重置发生器为初始状态

$s = \text{randn}('state', j)$ %对整数 j 重置状态到第 j 状态

$s = \text{randn}('state', \text{sum}(100*\text{clock}))$ %每次重置到不同状态

四、矩阵运算

1. 加、减运算

运算符："+"和"−"分别为加、减运算符.

运算规则：对应元素相加、减,即按线性代数中矩阵的"+"和"−"运算进行.

例 5.9

```
>>A=[1, 1, 1; 1, 2, 3; 1, 3, 6]
>>B=[8, 1, 6; 3, 5, 7; 4, 9, 2]
>>A+B=A+B
>>A−B=A−B
```

结果显示为

```
A+B=
    9   2   7
    4   7  10
    5  12   8
A−B=
   -7   0  -5
   -2  -3  -4
```

```
           -3   -6    4
```

2. 乘法

运算符："*".

运算规则：按线性代数中矩阵的乘法运算进行，即放在前面的矩阵的各行元素分别与放在后面的矩阵的各列元素对应相乘并相加.

（1）两个矩阵相乘.

例 5.10

```
>>X= [2  3  4  5;
      1  2  2  1];
>>Y=[0  1  1;
     1  1  0;
     0  0  1;
     1  0  0];
Z=X*Y
```

结果显示为

```
Z=
   8  5  6
   3  3  3
```

（2）矩阵的数乘：数乘矩阵.

```
由上面的矩阵可以计算：a=2*X
则显示：a =
   4  6  8  10
   2  4  4  2
```

向量的点乘（内积）：维数相同的两个向量的点乘.

数组乘法：A*B 表示 A 与 B 对应元素相乘.

（3）向量点积.

函数　dot

格式　C = dot(A,B)　% 若 A、B 为向量，则返回向量 A 与 B 的点积，A 与 B 长度相同；若 A、B 为矩阵，则 A 与 B 有相同的维数

$C = dot(A, B, dim)$ % 在 dim 维数中给出 A 与 B 的点积

例 5.11

```
>>X=[-1   0   2];
>>Y=[-2   -1   1];
>>Z=dot(X, Y)
```

结果显示为

```
Z =
    4
```

还可用另一种算法：

```
sum(X*Y)
ans=
    4
```

（4）向量叉乘.

在数学上，两向量的叉乘是一个过两相交向量的交点且垂直于两向量所在平面的向量，在 MATLAB 中可以用函数 cross 实现.

函数　cross

格式　$C = cross(A, B)$　% 若 A、B 为向量，则返回 A 与 B 的叉乘，即 $C = A \times B$，A、B 必须是 3 个元素的向量；若 A、B 为矩阵，则返回一个 $3 \times n$ 矩阵，其中的列是 A 与 B 对应列的叉积，A、B 都是 $3 \times n$ 矩阵

$C = cross(A, B, dim)$　% 在 dim 维数中给出向量 A 与 B 的叉积，A 和 B 必须具有相同的维数，$size(A, dim)$ 和 $size(B, dim)$ 必须是 3

例 5.12　计算垂直于向量（1, 2, 3）和（4, 5, 6）的向量.

```
>>a=[1   2   3];
>>b=[4   5   6];
>>c=cross(a,b)
```

结果显示为

```
c=
    -3   6   -3
```

可得垂直于向量（1, 2, 3）和（4, 5, 6）的向量为 $\pm(-3, 6, -3)$.

3. 矩阵转置

运算符："'".

运算规则：若矩阵 A 的元素为实数，则与线性代数中矩阵的转置相同；若 A 为复数矩阵，则 A 转置后的元素由 A 对应元素的共轭复数构成.

若仅希望转置，则用如下命令：A.'.

4. 方阵的行列式

函数　det

格式　d = det(X)　　　　% 返回方阵 X 的多项式的值

例 5.13

```
>> A=[1 2 3;4 5 6;7 8 9]
  A =

      1   2   3
      4   5   6
      7   8   9
>> D=det(A)
  D =

      0
```

5. 矩阵的秩

函数　rank

格式　k = rank（A）　　　　　　　% 求矩阵 A 的秩

　　　k = rank（A, tol）　　　　　%tol 为给定误差

五、矩阵分解

1. Cholesky 分解

函数　chol

格式　R = chol(X)　% 如果 X 为 n 阶对称正定矩阵，则存在一个实的非奇异上三角矩阵 R，满足 R'*R = X；若 X 非正定，则产生错误信息

[R, p] = chol(X)　% 不产生任何错误信息，若 X 为正定矩阵，则 p=0, R 是一个实的非奇异上三角矩阵；若 X 非正定，则 p 为正整数，R 是有序的上三角矩阵

例 5.14

```
>> X=pascal（4）　　　% 产生 4 阶 pascal 矩阵
```

```
X=
    1   1   1   1
    1   2   3   4
    1   3   6   10
    1   4   10  20
>> [R,p]=chol(X)
R=
    1   1   1   1
    0   1   2   3
    0   0   1   3
    0   0   0   1
p =
    0
```

2. LU 分解

矩阵的三角分解又称 LU 分解, 它的目的是将一个矩阵分解成一个下三角矩阵 L 和一个上三角矩阵 U 的乘积, 即 A=LU.

函数　lu

格式　$[L,U] = lu(X)$　%U 为上三角矩阵, L 为下三角矩阵或其变换形式, 满足 LU=X

$[L,U,P] = lu(X)$　%U 为上三角矩阵, L 为下三角矩阵, P 为单位矩阵的行变换矩阵, 满足 LU=PX

例 5.15

```
>> A=[1 2 3;4 5 6;7 8 9];
>> [L,U]=lu(A)
   L=
   0.1429    1.0000         0
   0.5714    0.5000    1.0000
   1.0000         0         0
   U=
   7.0000    8.0000    9.0000
        0    0.8571    1.7143
        0         0    0.0000
>> [L,U,P]=lu(A)
```

L=

1.0000	0	0
0.1429	1.0000	0
0.5714	0.5000	1.0000

U=

7.0000	8.0000	9.0000
0	0.8571	1.7143
0	0	0.0000

P=

0	0	1
1	0	0
0	1	0

3. QR 分解

将矩阵 A 分解成一个正交矩阵与一个上三角矩阵的乘积.

函数　qr

格式　[Q,R] = qr(A)　%求得正交矩阵 Q 和上三角矩阵 R,Q 和 R 满足 A=QR

[Q,R,E] = qr(A)　%求得正交矩阵 Q 和上三角矩阵 R,E 为单位矩阵的变换形式,R 的对角线元素按大小降序排列,满足 AE=QR

[Q,R] = qr(A,0)　%产生矩阵 A 的"经济大小"分解

[Q,R,E] = qr(A,0)　%E 的作用是使 R 的对角线元素降序,且 Q*R=A(:, E)

R = qr(A)　%稀疏矩阵 A 的分解,只产生一个上三角阵 R,满足 R'*R = A'*A,用这种方法计算 A'*A 时减少了内在数字信息的损耗

[C,R] = qr(A,b)　%用于稀疏最小二乘问题 minimize||Ax−b|| 的两步解:[C,R] = qr(A,b),x = R\c.

R = qr(A,0)　%针对稀疏矩阵 A 的经济型分解

[C,R] = qr(A,b,0)　%针对稀疏最小二乘问题的经济型分解

函数　qrdelete

格式　[Q,R] = qrdelete(Q,R,j)　%返回将矩阵 A 的第 j 列移去后的新矩阵的 qr 分解

例 5.16

```
>>A =[ 1  2  3;4  5  6; 7  8  9; 10  11  12];
>>[Q,R] = qr(A)
  Q=
  -0.0776    -0.8331     0.5444     0.0605
  -0.3105    -0.4512    -0.7709     0.3251
  -0.5433    -0.0694    -0.0913    -0.8317
  -0.7762     0.3124     0.3178     0.4461
  R=
  -12.8841   -14.5916   -16.2992
        0    -1.0413    -2.0826
        0          0     0.0000
        0          0          0
```

六、线性方程组的求解

求方程组的唯一解：对增广矩阵实行初等行变换.

例 5.17　求 $\begin{cases} 5x_1 + 6x_2 = 1 \\ x_1 + 5x_2 + 6x_3 = 0 \\ x_2 + 5x_3 + 6x_4 = 0 \\ x_3 + 5x_4 + 6x_5 = 0 \\ x_4 + 5x_5 = 1 \end{cases}$ 的解.

解法一：

```
>> A=[5,6,0,0,0,1;1,5,6,0,0,0;0,1,5,6,0,0;0,0,1,5,6,0;0,0,
0,1,5,1];
>> C=rref(A)
C =
1.0000         0         0         0         0     2.2662
     0    1.0000         0         0         0    -1.7218
     0         0    1.0000         0         0     1.0571
     0         0         0    1.0000         0    -0.5940
     0         0         0         0    1.0000     0.3188
>>D=C(:,6:6)
D =
```

```
2.2662

-1.7218

1.0571

-0.5940

0.3188
```

解法二：

```
>> A=[5,6,0,0,0;1,5,6,0,0;0,1,5,6,0;0,0,1,5,6;0,0,0,1,5];
>>b=[1,0,0,0,1];
>>R_A=rank(A)
X=A\b
X =
2.2662
-1.7218
1.0571
-0.5940
0.3188
```

求齐次线性方程组的通解：求出解空间的一组基（基础解系）.

例 5.18　求齐次线性方程组 $\begin{cases} x_1 + 2x_2 + 2x_3 + x_4 = 0 \\ 2x_1 + x_2 - 2x_3 - 2x_4 = 0 \\ x_1 - x_2 - 4x_3 - 3x_4 = 0 \end{cases}$ 的通解.

解法一：

```
>> A=[1,2,2,1;2,1,-2,-2;1,-1,-4,-3];
>> B=rref(A)
B =
 1.0000      0   -2.0000   -1.6667
      0  1.0000    2.0000    1.3333
      0      0        0         0
```

基础解系为 $X_1 = (2 \quad -2 \quad 1 \quad 0)^{\mathrm{T}}$，$X_2 = (\dfrac{5}{3} \quad -\dfrac{4}{3} \quad 0 \quad 1)^{\mathrm{T}}$.

解法二：

```
>> A=[1,2,2,1;2,1,-2,-2;1,-1,-4,-3];
>> format rat              % 指定有理式格式输出
```

```
>> B=null(A,'r')              % 求解空间的有理基
B =
   2        5/3
  -2       -4/3
   1        0
   0        1
```

求非齐次线性方程组的通解步骤如下：第 1 步，判断 $AX=b$ 是否有解，若有解则进行第 2 步；第 2 步，求 $AX=b$ 的一个特解；第 3 步，求 $AX=0$ 的通解；第 4 步，（$AX=b$ 的通解）＝（$AX=0$ 的通解）＋（$AX=b$ 的特解）．